给忙碌者的
7天美学课

贺瑞麟 —— 著

中国出版集团公司
华文出版社

图书在版编目（CIP）数据

给忙碌者的7天美学课 / 贺瑞麟著. —— 北京：华文出版社，2022.1
ISBN 978-7-5075-5504-2

Ⅰ.①给… Ⅱ.①贺… Ⅲ.①美学－通俗读物 Ⅳ.①B83-49

中国版本图书馆CIP数据核字（2021）第192597号

给忙碌者的7天美学课

作　　者：	贺瑞麟
责任编辑：	景洋子
出版发行：	华文出版社
地　　址：	北京市西城区广外大街305号8区2号楼
邮政编码：	100055
网　　址：	http://www.hwcbs.com.cn
电　　话：	责任编辑 010-58336052　发行部 010-58336202
	总编室 010-58336239
经　　销：	新华书店
印　　刷：	三河市航远印刷有限公司
开　　本：	880×1230　1/32
印　　张：	6.5
字　　数：	186千字
版　　次：	2022年1月第1版
印　　次：	2022年1月第1次印刷
标准书号：	ISBN 978-7-5075-5504-2
定　　价：	48.00元

版权所有，侵权必究

| 目录 |

第一章 美学导论 \001

从日常生活的"美"到美学思考 \003

"美"是什么？ＶＳ "美"表现在什么东西上？

——从柏拉图的《对话录》谈起 \004

本书内容与各章的关系 \010

美学主要议题总览：

美／艺术／美感经验／创造性（或创意）／模仿／形式 \013

美学人物、学派与经典 \015

延伸阅读 \018

推荐影片 \019

3 分钟重点回顾 \020

美学大师语录 \022

第二章 美学的发展与演变：
古代到中世纪的美学 \023

美学的内容与研究对象 \024

美学的历史 \026

古代美学：毕达哥拉斯及其学派／赫拉克利特／德谟克利特／智者／苏格拉底／柏拉图／亚里士多德／贺拉斯／普罗提诺 \027

中世纪美学：奥古斯丁／托马斯·阿奎纳 \045

延伸阅读 \051

3 分钟重点回顾 \052

美学大师语录 \054

目录

第三章 美学的发展与演变：
近代、现代和后现代美学 \057

近代美学：文艺复兴 / 法国理性主义美学与新古典主义美学：笛卡尔、布瓦洛、休谟 / 近代德国美学：从启蒙运动到德国古典美学：戈特舍德、莱布尼茨、沃尔夫、鲍姆嘉通 / 德国古典美学：从康德到黑格尔 \058

现代美学：直觉表现主义美学：克罗齐 / 实用主义美学：杜威 / 符号学美学：卡西勒 / 结构主义美学：列维—斯特劳斯 / 现象学美学：英伽登和杜夫海纳 / 诠释学美学：伽达默尔 \083

后现代美学：苏珊·朗格的符号论美学 / 后结构主义（解构主义）：罗兰·巴特 / 社会批判理论美学：马尔库塞、本雅明、阿多诺 \095

延伸阅读 \105

推荐影片 \106

3分钟重点回顾 \107

美学大师语录 \110

第四章 美感经验与形式 \113

谁对美感有贡献：美感态度、美感对象与美感经验 \114

理论派别：主观派、客观派、互动派 \115

形式：五个含义 \130

延伸阅读 \140

推荐影片 \141

3分钟重点回顾 \142

美学大师语录 \144

| 目录 |

第五章　美学的创造与模仿 \147

创造性（创意）概念的发展与演变　\149

模仿概念的发展与演变　\158

模仿说的理论及其演变　\162

艺术中的创造与模仿　\164

创造是打破之前固有的联结并建立一个崭新的联结：
　　意想不到的联结　\166

延伸阅读　\168

推荐影片　\169

3分钟重点回顾　\170

美学大师语录　\171

第六章　美学的实践与应用 \173

启动"美学思维"的执行程序　\181

结论与分享　\185

3分钟重点回顾　\187

美学大师语录　\188

附录1　美学家、学派及理论一览表：以时间来区分　\189

附录2　美学家、学派及理论一览表：以议题来区分　\192

参考书目　\194

DAY 1
第一章 美学导论

在日常生活中，美无处不在。美可以表现在各种人、事、物上，感受到这点，可称之为"美感"活动。而对日常生活中这些表现美好的人、事、物加以思考，去思索"什么是美"，可称之为"美学"思考。

美学在谈什么：美、美感与美学

在电影《和莎莫的500天》[（500）Days of Summer]中，旁白在介绍女主角莎莫时是这么说的：

> 世界只有两种人：男人跟女人。莎莫是女人，一百六十五厘米，中等身高；五十五公斤，中等体型；三十九号，鞋子的尺码略大。实际上，莎莫就是个普通女孩；只不过她不普通！一九九八年，莎莫在高中毕业纪念册引用贝儿与赛巴斯汀的一首歌《用混乱缤纷我的人生》，他们的专辑在密歇根因此大卖，让业界摸不着头绪；莎莫大二时在冰淇淋店打工，业绩莫名其妙增长212%；莎莫每次租房子，房租都比行情低9.2%；她通勤上下班时，平均每天让人惊艳18.4次。"莎莫效应"是罕见的特质！很罕见！但每个成年男人一生起码会碰到一次。汤姆认为在有四十万家公司行号、九万一千栋办公大楼以及三百八十万人口的城市，发生这种事情只有一个解释：那就是天注定！

以上的台词，有三点值得注意：一是美的竞争力（**莎莫的美貌让她在各方面占尽优势**）；二是美是一种平均数（**莎莫的美看似普通，但其实她不普通，这呼应了"美是一种平均数"的理论**）；三是命中注定的爱情（**爱情看似偶然，但偶然中有命定**）。

本章将重点放在美的竞争力上面，至于另外两点，我们将在下面的章节说明。

在上文所引用的电影旁白中说到，女主角莎莫因为外貌姣好，因此在各方面占尽优势，包括打工时业绩增长、房租降价，这些都是"美"带来的优势。之所以会如此，是因为在我们的日常生活之中，不论是衣食住行或是娱乐活动，任何一项都和"美"有关。举例来说，同样是食物，粗茶淡饭和美食，当然是后者较具竞争力；同样是衣物，粗布短衣和时尚华服，也是后者较有优势；住宅和交通方面同样也是如此。人们不满足于衣食住行的"实用"需求，更乐于追求衣食住行的"美感"元素。实用的功能，只能满足我们对于生活的基本要求，而追求"美感"，则可以让我们的生活变得更美好。因此，美具有竞争力。

总之，在日常生活中，美无处不在，美可以表现在各种人、事、物上。感受到这点，可称之为"美感"活动。而对日常生活中这些表现美好的人、事、物加以思考，去思索"什么是美"，可称之为"美学"思考。

从日常生活的"美"到美学思考

如上所述，在日常生活中，美无处不在。请想象我们的一天，从醒来、工作到睡眠，所有的事物都可以跟"美"关联在一起。

叫醒我们的音乐铃声（闹钟），旋律的悦耳与否和美感[①]有关；被闹钟叫醒之后，起床吃早餐，美味与否也和美感相关；用膳完毕之后，搭车上班，也许途经乡间小路，也许途经市区，映入眼帘的，不论是田园景致或高楼大厦的天际线，还是车窗外的广告牌、车里播放的音乐，都与美感相关。

到了公司，计算机桌面、同事的衣着，连中午休息时喝的咖啡，也和美感相关（品位问题）；到影印室去复印，说文件印歪了不好看，这也和美感问题相关。

总之，从起床到上班，一切都在美的氛围中。所有的事物都与美感相关，

[①] 这里所谓的"美感"，涉及的不仅是外形是否"美丽"，也涉及"感觉""感受"和"感触"等等的"感性因素"；简单地说，本书所使用的"美感"一词，指的是"美"和"感"。

所有的事物都表现美，而我们则去感受这些美。这就是美感。如果我们从日常生活中的美感出发，进而思索美的本质，就进入了美学思考。对于"美"的感受是我们每天都在做的事，而对"美"的思考，则是要学习"美学"之后才得以开始①。

我们可以从日常生活中的美感现象开始进行美学思考：为什么这些截然不同的事物都是"美"？都有"美感"？音乐、美食、风景、装扮、品位都是"美"？它们有何共通点？实际上，这些出现在我们日常生活中的美感问题，柏拉图已经在他的《对话录》中讨论过。其中，他在《大希庇阿斯篇》②中思考过这个问题。且让我们先从他的《对话录》谈起。

柏拉图的《对话录》

柏拉图的《对话录》（Dialogues）目前共有三十六篇，几乎都是以苏格拉底为主角；苏格拉底自己没有留下任何著作，因此，现今关于苏格拉底的事迹都是出自于《对话录》；《理想国》是其中最重要的对话录之一，讨论的主题是"正义"。

"美"是什么？ＶＳ"美"表现在什么东西上？
——从柏拉图的《对话录》谈起

柏拉图的《对话录》中以"美"或"美感"为主题的有数篇，《大希庇阿斯篇》就是其中一篇。

对话中的主角是苏格拉底（Socrates）和智者③希庇阿斯（Hippias）。

---

① 大部分人虽然未学过美学，偶尔也会进行美的思考，但那只是灵光乍现，偶而为之的事情；只有学习美学，才能对美进行更全面、系统的思考。
② 之所以命名为"大希庇阿斯"，是因为这篇以"论美"为主题的对话录篇幅较长，另有一篇同名的对话录，主题为"故意为恶比无心为恶更好吗？"，篇幅较短，通常称为"小希庇阿斯"。
③ "智者"（Sophist；希腊文为"Σοφιστής"，拉丁文为"Sophistes"），常依脉络之不同，在不同的书籍中被译为"辩士"或"诡辩学派"。

苏格拉底请希庇阿斯替"美"下个定义，要希庇阿斯回答"美是什么"。希庇阿斯首先回答说："美就是一位漂亮的小姐！"苏格拉底不满意这个说法，他说："我问的是'美是什么'，而不是问'什么东西是美的'。"苏格拉底的意思是，如果可以用"美是一位漂亮的小姐"来回答他的问题，那么也可以用"一匹母马是美的""一个美的竖琴"和"一个美的汤罐"来回答问题。但是这样的回答是不对的。苏格拉底要知道的是：为什么漂亮的小姐、美的母马、美的竖琴和美的汤罐都是"美的"，它们的共同性质是什么？之后希庇阿斯又尝试了许多不同的定义，如"黄金是美的""美是一种幸福生活"等，结果全被苏格拉底驳斥掉了，最后只得到一个结论："美是难的！"

综观整个对话，希庇阿斯始终无法弄懂苏格拉底的意思，苏格拉底问的其实是"**美本身**是什么""**美的定义**是什么"，而希庇阿斯则回答"'美'表现在什么东西上""美的载体是什么"。

美学小词典

柏拉图以"美"或"美感"（含艺术）为主题的对话录有如下几篇：《伊安篇》（论诗、灵感），《理想国》卷二、卷三（美感和艺术教育）、卷十（论诗人、艺术），《斐德若篇》（论爱、修辞术与辩证法），《大希庇阿斯篇》（论美），《会饮篇》（论爱与美），《斐利布斯篇》（论美感），《法律篇》（论文艺教育）。朱光潜先生曾以《柏拉图文艺对话集》为名，收译上述各篇对话录，并加上题解。

"美"是什么？

上面提及的两个问题有何差别？"'美'本身是什么？"以英语表示就是"What is beauty in itself？"而"'美'表现在什么东西上？"以英语表示则为"What is the beautiful？"（美的人、事、物为何）。这两个问句的关键在于两个名词的对比:"beauty"和"the beautiful"。前者是一个抽象名词,表示性质;而后者(定冠词 + 形容词),在印欧语系中则表示是一个集合名词①;前者可以译为"美"(或"美本身"),而后者可以通译为"美者",泛指所有表现美的人、事、物。

回到《大希庇阿斯篇》来看。当苏格拉底问"美(本身)是什么"之时,他是要希庇阿斯回答:当我们说某人很美、某物很美、某事很美之时,这"美"是什么意思。某人、某物、某事有什么共通之处,符合什么标准,使得我们可以说他们(它们)是"美"的?但希庇阿斯却不明白苏格拉底的意思,他不懂苏格拉底要问的是"美本身是什么",反而回答"'美'表现在什么东西上",一再地举出"美"的事物的例子,因而没有回答到苏格拉底的问题。用句"逻辑"的话来说就是:苏格拉底问的是什么是美的"内涵",而希庇阿斯回答的则是美的"外延"。让我们以下文图 1 为例来说明。

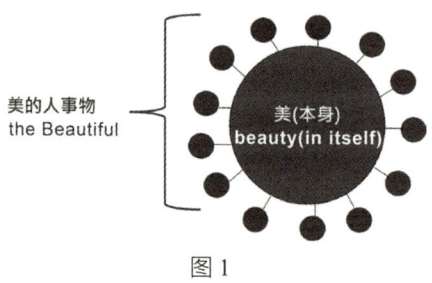

图 1

图 1 唯一的大圆代表"美本身"(Beauty in itself),而外围的许多小圆则代表"美者"(表现美的人、事、物);苏格拉底问的是那个大圆,即"美"本身、"美"的定义是什么,而希庇阿斯回答的是那些表现美的人、事、

---

① 参见[波]瓦迪斯瓦夫·塔塔尔凯维奇著,刘文潭译,《西方六大美学观念史》,上海:译文出版社,2006。

物,因而始终没有回答到苏格拉底的问题①。

"美感"是什么?

在逻辑上要为美下一个定义,的确是很难的;也就是说"美"是很难"思考"的,但这并不影响我们对美的感受能力。也许我们说不出"美本身是什么",但是我们仍然可以分辨、感受哪些东西美、哪些东西不美;也许我们可以这样来理解《大希庇阿斯篇》:当我们说"美女""美景""美事"这些"美的人、事、物"或"美的载体"之时,其实已预设了一种对"美"的标准(也就是美的定义),然后我们会用这个标准来衡量某些人、事、物是否为美。也许我们无法从学术(特别是"哲学")的角度去定义"美",但这并不影响在日常生活中我们对美的感受,因而不影响我们去欣赏美!而这种"对于美的感受",我们可以称之为"美感"②。

以赏梅为例③:"寻常一样窗前月,才有梅花便不同!"我们看到梅花冰清玉洁的样貌,心中会有一种"**异常的快适**"。这种快适和"收到汇票"之快适不同,因为它不是源自利益之快感;这种快适也和"得到满分"的快适不同,因为它不是一种成就感;这种快适也和"听到下课铃""下班"的快适不同,因为它不是一种从上课、上班的压力中被释放出来的解脱感;看到梅花的快适,是一种"美感",而美感并不是上述的种种快感,虽然上述的种种快感和美感一样,也都是一种"快适"。

---

① 其实在对话录的下半段,希庇阿斯已无能力回答苏格拉底的问题了;为了让美学思考继续进行下去,苏格拉底开始自己给出答案,再批判自己给出的答案。
② 严格来说,"美感经验"(aesthetic experience)所涉及的问题很复杂,可以单指我们对"美"的感受,也可以涉及更为复杂的层面:我们对于"美"的认知结构。更严格地来说"美感的"(aesthetic)这个词,就其希腊文的字源来说,未必要限于对"美"的感受,可以泛指一般的"感受"。本书有时会依脉络来使用"美感"一词,有时专指对美的感受,有时则泛指一般的感受。但不论使用哪一种意思,都会在脉络中加以说明。
③ 这个例子来自丰子恺,《艺术趣味》,长沙:湖南文艺出版社,2002;作者有略加修改。

"美学"是什么？

关于美学的起源、发展和演变，在本章中只简单作导论性的说明。

如上所述，感受美和思考美是两件不同的事情，美感并不等于美学；人人都有美感，人人都能审美，但未必人人都能"思考""研究"美，换言之，未必人人都从事美学活动。不过，一旦我们能从日常生活中的美感现象中进一步去思考诸如"美是什么""美有哪些类型"等问题，我们就进入了美学的领域。

简单地说，美学就是思考和研究"美"和"感"的学问。不过，它并不等同于美感教育（或"美育"）。美感教育是培养美感能力或涵养的学科，而美学的目的是思考和研究"美"和"感"。这两门学科虽然不同，但也是密切相关的：美学研究是美感教育的基础，而美感教育则是美学的实践。美学注重的是对美感的研究和认知，而美感教育则着重培养美感的能力。

虽然汉语早就有"美"和"学"这两个字，但却没有"美学"这个词，美学一词是日本人对于德文"Ästhetik"的汉字翻译。汉语沿用美学这个译名，来指称那些对于"美"和"感"加以研究的学问。

"美学"这个名词及这个学科是怎么出现的呢？基本上，从西方古代的哲学家如柏拉图、亚里士多德或之前更早的思想家就已开始讨论"美""艺术"①等问题②，但并没有专门为讨论"美"或"感性"的学科确定一个名字。直到1735年，哲学家鲍姆嘉通（Alexander Gottlieb Baumgarten, 1714—1762年）写了一本名为《诗的哲学默想录》（*Tacit Philosophical Thought about Poetry*）的书，美学这一学科的主要内容才出现。

在《诗的哲学默想录》里，鲍姆嘉通首次提出了一个重要想法，那就是古典哲学只关心理性和可理解的事物，几乎完全忽略了感性和可感知的事物；于是，他提出了建立一个新的哲学分支——"感性学"的大胆设想。

---

① 艺术也是美学的一个重要主题，因为艺术既涉及"美"，也涉及"感"。
② 除了柏拉图的几篇对话录讨论到美和艺术之外，亚里士多德的《诗学》所讨论的主题就是"诗的艺术"（以悲剧诗为主，喜剧诗部分目前已失传）。

照他的看法，感性学就是"诗的哲学"，它涉及的是"可感知的事物"，而非"可理解的事物"。随着鲍姆嘉通的这个想法日趋成熟，他在1750年出版了一部重要著作：《美学》（Aesthetica；感性学）。从美学史来说，这个年份以及这本著作的意义非比寻常，鲍姆嘉通本是名不见经传的哲学家，后来却以"美学之父"的名望而蜚声美学史；因为他是首位为美学正名、划定了美学的边界，为这门面目不清、位置模糊的学科奠定了坚实根基的哲学家[①]。

鲍姆嘉通所谓的美学，用的是拉丁文"Aesthetica"，这个词源于希腊文的 Αἰσθητικός（Aisthetikos），意思是"感觉""感性"，它是源自希腊文的动词 Αἰσθάνομαι（Aisthanomai），意为"我感觉""我知觉"。因此，美学原来的意思是指"感性学"或"研究感性的学问"，德文当时写法是"Æsthetik"，后来则写作"Ästhetik"；其他欧语也是类似的拼法：法文是"Esthétique"，英文是"Aesthetics"，意大利文是"Estetica"，西班牙文和葡萄牙文则是"Estética"，俄文则是"Эстетика"（Èstetika）。

日本人最早将此门学问译为"审美学"（森鸥外译），现在比较通用的

美的"内涵"与"外延"

如果我们用画圈圈来比喻一个"概念"——以"美"为例，要界定"美是什么"，就要先画定一个圈圈，用以区别圈内和圈外。进入这个圈圈的资格或条件，我们就称之为"内涵"（intension, connotation）。"内涵"指的就是"美"的条件和资格，或是指"美"这个概念含有哪些成分或要素。在圈圈之外的，就不属于"美"。而所有满足"美"这个概念内涵的个体的全部范围，我们就叫作"外延"（extension, denotation）。也就是说："外延"指的是一个"类"或"概念"的成员（member）所散布的范围。

---

① 周宪，《美学是什么》，北京：北京大学出版社，2002。

是"美学"(中江兆民译),早期中文学界则有音译为"伊斯特惕克"者,如今多半沿用日本人的译名"美学";而这门学问研究的范围,就以"美"和"艺术"这些问题为主,成了我们今日所知的美学内容。必须注意的是,"美"在美学中并不是唯一的主题(虽然它是重要的主题),美学的内容还包括"艺术""爱"和其他感性相关议题。

本书内容与各章的关系

本书除了说明美学的历史之外,当然也会介绍美学的主要议题。此处,透过一则故事来介绍本书各章的内容和其相应的美学议题。

> 某大学生A整天看着他女朋友的照片说:"我女朋友真是美得像仙女下凡呀!"
>
> 他室友B听了就说:"整天听你说你女朋友多美多美,能不能让我看一下她的照片,看看到底有多美!"
>
> 大学生A就把照片给室友B看,室友B看了就说:"真的!你女朋友真的是仙女下凡来的!只不过她下凡的时候,应该是脸部先着地吧!"

这个故事套用现在的流行语,有两个"亮点"。

一、美是具有主观性的。美的"主观性"意思是说:每个人认为的"美"并不相同,你觉得美,我不一定觉得美;每个人都有自己的审美标准,因此也有自己的偏好,所谓"萝卜青菜各有所爱",这也会涉及所谓的"相对性"。但"主观性"还有另一个意思,就是:你觉得美,那就是美了(至少对你个人而言),"情人眼里出西施"就是这个意思。在故事中,大学生A认为他女友美如天仙,而室友B则不认同,这就是关于"美的主观性"之例证。

二、美是具有某种标准的。这个意思是说,"美"或"不美"自有一套标准。

在故事中，大学生 A 认为他女朋友很美，而室友 B 不认同，这是主观性。他们两人之所以会有不同的看法，是因为他们对美预设了不同的标准：对大学生 A 来说，女朋友的容貌已符合了"美"的标准（至于这个标准是什么，在故事中看不出来）；而室友 B 则认为不美，因为他认为大学生 A 的女友的五官太平了、不够立体（所以他讽刺说她下凡时应该是脸部先着地[①]），所以不美。可见他隐含的标准是"五官要立体才美"。

关于"美是什么"的问题，不要说是这个故事，应该说所有的故事都很难给出一个标准的答案；如果如上文的《大希庇阿斯篇》所得到的结论："美是难的"，意思是"关于什么是美这个问题的答案，是很难有结论的"，我们还需要去讨论"美是什么"这个问题吗？

如果没有标准答案，还需要讨论"美是什么"吗？

我们简单回答是：对于"美是什么"这个问题，虽然很难有标准的答案，但并不代表我们找不到一个"令人满意的"答案；也许我们找不到可以令所有人都接受的答案，但也许还是可以找到令大部分人都能接受的答案。既然如此，"美是什么"这个问题就还是有讨论的必要。

话又说回来，不论我们讨不讨论"美是什么"，我们每个人都早已预设了对美的标准和看法，而影响我们生活中对一切事物的感受——我们的计算机桌面、上课上班时要穿的衣服和我们选用的饰品，几乎都涉及"美"和"感"，也显露出每个人特殊的审美标准。不论我们学不学"美学"、问不问"什么是美感"，我们的生活都脱离不了"美"，当然也脱离不了"感"，生活还是得照常过下去；但是如果我们探问"什么是美""什么是美感"（也就是进行美学的探究），我们会对自己和别人隐含的审美标准有所自觉，这样一来，我们并非不知不觉地进行一种"潜在"的美学生活，而是显在地、明明白白地以美学来生活了。

以医学为例：不论我们学不学医学，我们的器官还是一样会进行医学

[①] 当然，室友 B 也有可能只是用"脸部先着地"来指涉"被毁容了"，从而告诉我们 A 的女友不符合"美"的标准。这时他还是预设了一个标准，只不过这个标准不一定是"五官立体才美"。

活动（如消化），我们吃到过期的食物还是会中毒；但是如果我们学习简单的医学，具备一些医学常识，那么在发生意外时，我们就可以进行一些简单的应用，如急救。不同的是，美学不像医学（和其他的自然科学）一样有标准答案，我们的应用不在于急救，而是在于观察别人和反省自己所过的美感生活。

没有标准答案的问题，才是人生最重要的问题

问题来了。即使我们承认，像"美是什么"这类没有标准答案的问题仍然具有讨论的必要，但这也只限于学术界（特别是美学研究者）。对于一般人来说，我们或许会疑惑：**"美是什么"这类没有标准答案的问题重要吗？**

试想：计算机坏了，一定是哪里有问题，只不过找不找得出来而已；同样地，生病或水管不通也是如此。

上述问题，只要找到关键问题所在，就可以"付钱"请"别人"来修理。但像"美是什么"这类问题（**因为这是个"哲学"问题**），没有标准答案，就无法请别人代为处理。有标准答案的问题，我们可以依照一套固定的程序来处理，任何人都可以处理，我们也可以请别人代劳。但是没有标准答案的问题，只有自己能处理，因为每个人的问题就是他自己的问题，有自己的答案，因此，得自己去处理，他人无法插手。正因为"美"的问题是别人无法代劳的，所以它反而是人生最重要的问题之一，你得自己去观察、反省、探索和体验。

虽然没有标准答案，但还是有主流的理论

虽然"美是什么"这个问题，并没有标准的答案，但是在西方美学史中，却有个理论尝试要回答这个问题，而获得大部分学者的认可，成为西方美学史上的主流理论长达两千两百年之久，那就是：美的"伟大理论"（The great theory of beauty）[1]。

---

[1] 参见［波］瓦迪斯瓦夫·塔塔尔凯维奇著，刘文潭译，《西方六大美学观念史》，上海：译文出版社，2006。

这个理论主张：美包含在各部分的比例和安排之中；说得更精确一点，美包含在各部分的大小、性质、数目以及它们之间的相互关联中。以建筑为例，所谓的廊柱之美，就在于列柱之大小、数目和安排；音乐之美和建筑之美相同，只不过在建筑那里空间性的因素，在音乐中换成了时间性的因素而已。我们现在常常听到的"黄金比例"，就是伟大理论其中的一种。

这个伟大理论是由毕达哥拉斯学派所创立的，从公元前五世纪开始盛行到十七世纪，在这两千两百年间，它不断地被补充和修正。十八世纪以后，由于大家对于"美"并没有一个主流的、统一的观点，于是伟大理论便日趋式微。十九世纪以后，"美"这个概念的变化趋势，也和"艺术"概念的变化相呼应：在十九世纪以前，艺术一定是"美"的艺术，可是十九世纪以后，艺术未必是"美"的艺术，却一定是"创造性"（创意）的艺术。换言之，从前"美"是艺术的主流——而十九世纪以后，"创意"才是艺术之主流：艺术可以不美，但不能没有创造性。

美学主要议题总览

关于美学的重要议题，我们进行了整理，不外如下六者[①]。

美

美（beauty）是美学中最重要的议题之一，举凡美的概念、定义和理论、美的范畴（如"优美""崇高"等）、客观主义和主观主义的争论等，都是美学中的重要议题。关于这个议题，我们在第二章中会讨论。

---

① 上页注释①提到的《西方六大美学观念史》即以这六个概念为该书的论述内容，本章这一部分所概述的内容，乃是取材自该书。

艺术

和美一样,艺术(Art)也是美学中最重要的议题之一,举凡艺术的概念、定义和理论、艺术的分类(包含"诗"在艺术中地位之演变)等,都是美学中的重要议题。关于这个议题,在第二章和第三章中会讨论。

美感经验

在这个议题下,可以讨论美感经验(Aesthetical experience)概念、定义和理论;一般所谓的美感经验、美感态度和美感价值,也可以放在这个项目下讨论[①]。关于这个议题,我们会在第四章中处理。

创造性(或创意)

在这个议题下,可以讨论"创造性"(或"创意";creativity)的概念、定义和理论。和"创造性"(或"创意")概念重叠互涉的是"艺术"的议题;大体来说,十九世纪以后的艺术或许已不再是表现"美"的艺术,而是表现"创意"(含"个性")的艺术。"创造性"(或"创意")在当代的美学的重要性,甚至已超过"美"。关于这个议题我们会在第五章中讨论。

模仿

模仿(Mimesis)是创造的对立面。因此创造性(或创意)的问题,如果在当代美学中扮演重要的角色,那么模仿自然也不可被忽视。值得注意的是,在创造性还未在美学史中扮演重要角色之前,艺术的模仿面向(后来变化为"写实主义"),一直都占有重要的地位。

---

① 要特别说明的是,相较于本书使用的"美感",学界更常使用"审美";后者的"审"较具主动性,而本书的"感"则较具被动性,其实各有优劣,也各自成理;美感经验到底是主动的还是被动的,也一直都是美学主要议题之一。

形式[①]

形式（form）不论是和艺术一起讨论，或者和美一起讨论，在西方美学史上都是重要的议题之一。形式一词在西方美学史中，会因不同的哲学家和艺术家，而被赋予不同的含义，大体上有如下五种：

一、作为各部分的排列（Arrangement of parts）；

二、直接呈现在感官之前的事物（What is directly given to the senses）；

三、与质料相对、一个对象的界限或轮廓（The boundary or contour of an object）；

四、亚里士多德意义下的"形式"：对象之概念性本质（The conceptual essence of an object）；

五、康德意义下的"形式"：人类心灵对于所知觉对象的贡献（The contribution of the mind to the perceived object）。关于这个议题，本书将会在第四章中讨论。

美学人物、学派与经典

当然，所有的**美学议题**，不是由**美学家个人**提出，就是由**某个美学学派**，透过某部美学经典提出来的。因此，理解重要的美学家、美学学派和美学经典对于理解美学这一学科，也是必要的事情。这三者的关系，如图2所示。我们将在第二章中介绍重要的美学家、美学学派和美学经典。此外，我们还会在各章中，或者透过对美学议题的讨论，或者透过延伸阅读的书目，来介绍重要的美学经典。

[①] 关于"形式"的五种意思，参见《西方六大美学观念史》；在本书第四章中也会加以讨论。

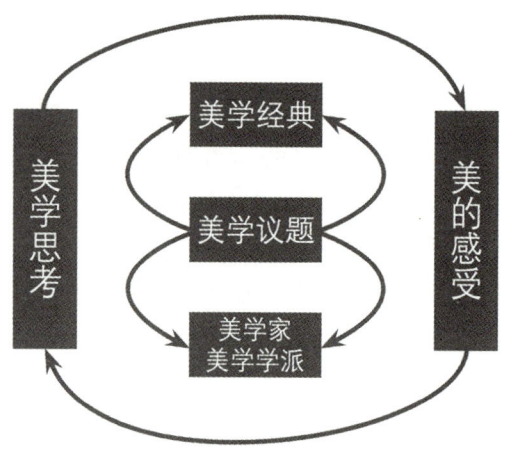

图 2

其他可能:从"艺术家——艺术作品——观众"之间的关系来谈美学

见多识广的读者或许会提出一个问题:除了以"美学议题""美学家和美学学派"和"美学经典"来介绍美学的方式,难道没有其他的方式吗?答案是:有的。比较典型的做法就是从"艺术家——艺术作品——观众"的三角关系来介绍美学(如图3):分别讨论"艺术家和艺术作品"的关系、"观

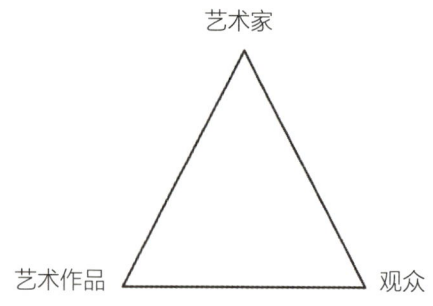

图 3

众和艺术作品"的关系、"艺术家和观众"的关系;至于"美学议题""美学家和美学学派""美学经典"则打散在这个三角关系中(比如说,在"艺术家——艺术作品"的部分讨论创造力、灵感等议题)。这样的做法看似滴水不漏,实则会把美学局限在艺术上,而忽略了美学也有艺术之外的议题(如自然美)。关于这个部分的详细说明,可以参见本书第二章中有关"美学是否等于艺术哲学"的讨论。

延伸阅读

一、柏拉图,《大希庇阿斯篇》。本篇的对话主题是"论美",作为美学的入门经典是最合适不过的。对话的难度其实不高(至少前半段是如此),初学者可以见识到苏格拉底提问的功力。虽然最终没有结论,而且后半段较难,但对于启发美学思维,本对话录是很有用的。

二、柏拉图,《会饮篇》。本篇对话录的主题是"爱"与"美",是在一次聚会中,几个朋友和苏格拉底轮番提出对"爱"(同时也涉及"美")的看法。著名的"另一半"的故事,即是源自这篇中参与此宴会的喜剧作家阿里斯托芬之口。这篇对话和柏拉图的《理想国》一样,算是柏拉图最重要的对话录之一。对话虽然很长,但是对话却有许多引人入胜之处,算是深入浅出的对话录。

如果可以,请各位读者先去阅读这两篇对话录,因为我们在第三章、第四章还会谈到这些对话录的其他部分。关于以上两篇对话录,目前的中文译本有如下几本:

1. 朱光潜的译本,收录在单行本的《柏拉图文艺对话集》或《朱光潜全集》中。关于这两者详细的出版资料,请参见本书所附的参考书目。

2. 王晓朝的译本,这两篇对话录,都收录在《柏拉图全集》第二卷,北京:人民出版社,2003。

3. 刘晓枫的译本,只有《会饮篇》一篇,但有详细的注释,见刘晓枫等译,《柏拉图的会饮》,北京:华夏出版社,2003。

推荐影片

我们可以用文字来谈美学，也可以用图像来谈美学，更可以结合二者来谈美学。结合二者来谈美学的方式，就是透过电影或更广义的影片来谈美学。

抽象地谈论一个美学概念，不如透过故事（含寓言、比喻、笑话）来了解，这样的理解会比较具体。然而，透过故事来理解，通常只能透过文字，这虽然有其不可取代的价值，但是如果结合声音、影像来处理它，则会更加动态和立体。

也就是说，我们可以透过故事来将美学概念具体化，更可以进一步透过图像、声音来将文字的故事动态化和立体化，这样就能将美学概念用更为浅白的方式——具体、动态和立体的方式来理解。用这种方式将文字、图像、声音结合的媒体，就是电影。透过电影来谈美学，有其独特的优点，这也是为什么本文要推荐电影来作为美学辅助媒介的理由。

《和莎莫的500天》[(500) *Days of Summer*]，这部电影采用非线性叙事的方式，讲述了汤姆（Tom）和莎莫（Summer）由相识、相恋到分手，共五百天的故事。和本章相关的主题是"爱与美"：第一天所说"美的竞争力"；此外，"爱"也和美学中的"感性"议题相关。

3分钟重点回顾

1. 实用的功能,只能满足我们对生活的基本要求,而追求"美感",则可以让我们的生活变得更美好。因此,美具有竞争力。

2. 在日常生活中,美无处不在,美可以表现在各种人、事、物之上;感受到这点,可称之为"美感"活动。而对这些日常生活中表现美好的人、事、物加以思考,去思索"什么是美",可称之为"美学"思考。

3. 对于"美"的感受是我们每天都在做的事,而对"美"的思考,则是要学习"美学"之后才得以开始的。

4. "'美'本身是什么"以英语表示就是"What is beauty in itself",而"'美'表现在什么东西上"以英语表示则是"What is the beautiful"(美的人、事、物为何)。这两个问句的关键在于两个名词的对比:"beauty"和"the beautiful"。前者是一个抽象名词,表示性质;而后者(定冠词+形容词),在印欧语系中则表示一个集合名词。

5. 也许我们无法从学术(特别是哲学)的角度上去定义"美",但这并不影响在日常生活中我们对美的感受,因而不影响我们去欣赏美。而这种"对于美的感受",我们可以称为美感。

6. 美学就是思考和研究"美"和"感"的学问。不过,它并不等同于美感教育(或美育):美感教育是培养美感能力或涵养的学科,而美学的目的是思考和研究"美"和"感"。

7. "美学"一词是日本人对于德文"Ästhetik"的翻译。中文沿用美学这个译名来指称那些对于"美"和"感"加以研究的学问。

8. 鲍姆嘉通所谓的"美学"用的是拉丁文"Aesthetica",这个词源于希腊文的Αισθητικός(Aisthetikos),意思是"感觉""感性"。因此,美学原来的意思是指感性学或研究感性的学问。

9. 早期中文学界则有直译为"伊斯特惕克"者，如今多半沿用日本人的译名"美学"一词；而这门学问研究的范围，后来就以美和艺术这些问题为主，成了我们今日所知的美学内容。

10. 美在美学中并不是唯一的主题（虽然它是重要的主题），美学的内容还包括艺术、爱和其他感性相关议题。

Day 1
美学大师语录

一切立体图形中最美的是球形,一切平面图形中最美的是圆形。——毕达哥拉斯

互相排斥的东西结合在一起,不同的音调造成最美的和谐;一切都是对立产生的。——赫拉克利特

只有天赋很好的人能够认识并热心追求美的事物。——德谟克利特

如果人生值得活,那只是为了注视美。——柏拉图

美的事物,因其自身而值得追求。——亚里士多德

美是那具有合适比例和诱人色彩的东西。——斯多葛学派

崇高是伟大心灵的回声。——郎吉弩斯

世界上没有比友谊更美丽,更会令人愉快的东西了,没有友谊,世界仿佛失去了太阳。——西塞罗

一切人都必须先变成神圣的和美的,才能观照神和美。——普罗提诺

只有美予人以快感,存在于美之中的是形象,存在于形象之中的是比例,存在于比例中的是数目。——奥古斯丁

事物并不是因为我们爱它才成为美的,而是因为它是美的与善的才为我们所爱。——托马斯·阿奎纳

人不可以像走兽那样活着,应该追求知识和美德。——但丁

没有东西是绝对美的,美的东西只对某一个人显得美。——布鲁诺

DAY 2
第二章　美学的发展与演变：古代到中世纪的美学

研读美学史可以让我们了解各个时代的美学大师和学派，他们主要的美学思想、美学经典、用什么理论处理问题，以及处理方式评价如何等。凡此种种，都在说明一件事：美学史的必要性。

美学经历了什么样的发展与演变?
——从古代到中世纪的美学

美学的内容与研究对象

美学研究的主题与范围

美学这门学问研究的范围,顾名思义,是以"美"为主,但美并不是唯一的主题(虽然它是重要且最早的主题),它的内容还包括"感性"相关议题,其中最重要的是"艺术"。当然,艺术和美也有直接的关联。所以,除了美之外,艺术可以说几乎是美学中最重要的主题,甚至在有些美学家的体系中,艺术比美更重要。其他的感性议题,或者依附于美、依附于艺术而被讨论,例如,"爱"在柏拉图的《会饮篇》里,就是和美一起被讨论的。

我们可以把美学研究的内容(主题)整理一下:它是美感之学,其内容与范围包括"美"+"感"两大部分,分别说明如下。

美学作为"美"之学

作为美之学,美学的研究主题包含:美、丑、崇高(壮美)、美感经验等。美之下就有"自然美""艺术美"(这也是艺术的主题);美的反面是丑;美(优美,beauty)的对比是"崇高"(壮美,sublime)。如果再丰富一些,有所谓"充实之美"和"空灵之美""错彩镂金之美"和"初发芙蓉之美"。对柏拉图来说,美只是人类在爱的活动中所追求的对象:在爱中,人们追求的是各种美——有人爱的是"外在美",有人爱的是"内在美"。而追求美的活动,则是爱。因此,把爱纳入美学的范围也有其道理。

美学作为"感"之学

作为感之学,美学的研究主题包含:艺术、美感经验和其他感性活动等主题。艺术不仅是美之学的主题,也同样在感之学中占有重要的地位。跟艺术相关的主题,都在美学的探讨之列,如艺术美、艺术丑(滑稽)、创造、模仿、各种艺术理论、形式、美感经验等。此外,跟感性相关的主题,也可以放在美学作为感之学的讨论行列里,如爱。

我们可以发现以下几个主题,是不论作为美之学或感之学都会涉及的:艺术美、美感经验和爱。当然,爱是否是美学的主题见仁见智,但如果就"美学=美+感之学"的意义来说,爱确实也可视作美学的主题之一。

这里有个附带但很重要的主题必须讨论:美学与艺术哲学(Philosophy of art)的关系。这个问题起始于美学与艺术的关系,我们可以通过下面几个角度来思考。

美学一定要研究艺术吗?

从西方美学的历史来说,"艺术"向来都是美学的重要主题,但并非全部;除了艺术外,美学还研究其他的主题,如上面"美学作为'美'之学"所谈的自然美、崇高(壮美)、美感经验(**美感经验不一定非得通过"艺术"才能得到,自然美也可以让我们获得美感**)。

艺术只表现"美"吗?

艺术所表现的美,我们称之为"艺术美",以别于自然所表现的美(自然美)。艺术除了表现美之外,也表现丑(如喜剧中的滑稽)和创意(十九世纪以后的艺术)。一般的看法是十九世纪以前的艺术,是美的艺术,十九世纪以后,艺术就不一定表现美了。

理解了以上两点,我们回到原来的问题:美学与艺术哲学有什么区别?如果美学是哲学的一个部门,而这个部门的重要主题之一就是艺术,那这与专门研究艺术的艺术哲学有什么区别呢?

简单的回答是:对许多哲学家(特别是黑格尔)来说,美学等同于艺术哲学。因为美学研究的美是艺术美（黑格尔的美学不研究自然美），而艺术哲学也研究艺术美，所以美学等于艺术哲学的同义语。

但是也有反对美学等于艺术哲学的主张，理由如下：首先，美学所研究的不是只有艺术美，也应研究自然美；而艺术哲学只研究艺术美，所以美学不等于艺术哲学。其次，艺术哲学研究的不只是美（艺术美），也包含丑（艺术丑，如喜剧中之丑角行为），因此，艺术哲学不等于美学。

但是，不论美学是否等同于艺术哲学，至少艺术美是两者共同的研究主题。自然美如果指的是自然事物所表现出来的美，那么艺术美则是通过人为的力量在各种艺术活动中所显现的美。这种通过艺术而展现的美，在十九世纪以前，一直都是艺术的主要部分，可以说是一种美的艺术。十九世纪以后的艺术，就未必是表现美，而是表现创意了。因此，我们可能会认为有些当代艺术不美，但我们不能说这些艺术没有创意。之所以如此，是因为它们不是要表现美感，而是要表现艺术家的创意或创造力。

如第一章所说，美学所研究的主题，不是由**美学家个人**提出，就是由某个**美学学派**，通过某部**美学经典**提出的。因此，理解重要的美学家、美学学派和美学经典，对于理解美学这一学科，也是必要的事情。我们将在下一节中，介绍重要美学家、美学学派和美学经典。

美学的历史 [①]

了解美学史的必要性

如果我们想了解一个人，是不是只要知道他的名字、生日、工作和行

---

① 关于第二章"美学的历史"这一部分的内容，乃取材自如下两本书，故不再特别标注出处：(1)朱光潜，《西方美学史》上、下卷，收于《朱光潜全集》第六卷、第七卷，合肥：安徽教育出版社，1990；(2)李醒尘，《西方美学史教程》，北京：北京大学出版社，1994。原则上，有关古代美学和中世纪美学，以上两本书都是资料来源，但是主要取材自《西方美学史》。补充的注解基本上都是笔者下的，不是原书的注释；没有更动原书的文句，除了如下情况：(1)译名不同，则直接修改，不另作说明；(2)因应本文需要，统一名词；(3)查阅所引原典内容，发现引文或译文有问题时，会修改其中文句；(4)原典文句是笔者补充引用时，会特别加注说明。

事风格，这样就够了呢？答案很简单：当然不够。我们还要了解这个人曾经做过什么事、有什么兴趣、别人对他的评价，等等。想了解美学这门学问，光是知道它的名字、何时出现、处理什么问题，这样还不够，还要知道它的历史发展，如美学家对什么问题有兴趣、别人对它们的评价，等等，这样的理解才会比较全面。

研读美学史可以让我们了解各个时代的美学大师和学派，他们主要的美学思想、美学经典、用什么理论处理问题，其处理方式的评价如何，等等。以上种种，旨在说明学习美学史的必要性。我们也可以用朱光潜先生的这段话作为印证：**"学美学不能不学美学史，正如植物学家研究一棵树的形态，不能不研究它的发生和进化的过程一样，也正如社会科学家研究当前的社会，不能不研究过去社会发展史一样。"**[①]

古代美学

美学在西方一开始就是哲学的一个门类。希腊文艺在公元五世纪前后在雅典达到了黄金时代，即所谓的伯里克斯（Perikles，前495—前429年）时代。此时，希腊文化由传统思想转向自由批判，由文艺时代转变为哲学时代；哲学日益获得人们的重视，一系列的卓越哲学家也相继出现。

民主运动促成了辩论的风气。掌握知识和辩论的本领，成了争权夺利的必备条件，于是就有了诡辩学派的诞生。批判和辩证的风气是由他们所煽起的（由关心自然到社会，也是他们的功劳）。由于海外通商频繁，外来的文化也激发了哲学思考。

哲学家们既然要注意社会问题，就势必得关心文艺问题。文艺发展本身要求理论性的概括，就势必得注意到美学问题。希腊美学思想源于毕达哥拉斯、赫拉克利特、德谟克利特、苏格拉底以及普罗提诺等人，而极盛于柏拉图、亚里士多德，以下分述之。

---

① 朱光潜，《西方美学史》上卷。

毕达哥拉斯及其学派[1]

毕达哥拉斯

毕达哥拉斯（Pythagoras，约前580—前490年），古希腊数学家、哲学家，创立了毕达哥拉斯学派。宣称数是宇宙万物的本原，研究数学的目的不是使用而是为了探索自然的奥秘。

毕达哥拉斯派盛行于公元六世纪，属于先苏[2]自然哲学家。这个学派认为万物的根本是"数"，此观点也影响他们对于美的看法。毕氏认为美就是和谐与比例，该派还把音乐中和谐的原理推广到建筑、雕刻等其他艺术，探求什么样数量的比例才会产生美的效果，并得出一些经验性的规范。这种偏重形式的探讨，是后来美学中形式主义的萌芽。他们把天体看成球体，认为那是最美的形体。值得注意的是，他们把整个自然界看成美学的对象，并不限于艺术（他们也讨论自然美）。

毕达哥拉斯派还注意到艺术对人的影响。他们认为人体就像天体，都由数与和谐的原则统治着。人有内在的和谐，碰到外在的和谐，能够互相感

---

① 关于毕达哥拉斯的部分，亦可参考第四章的内容。
② 即先于苏格拉底；哲学史将苏格拉底之前的哲学家称为"先苏哲学家"。

应,所以欣然契合。因此,人才能爱美和欣赏艺术。

> **数量与美感**
>
> 毕氏认为各种不同数量的比例会产生不同的美,以音乐为例:声音方面"质"的差别,是由发音体方面"量"(数量)的差别所决定的,如琴弦长,声音就长;震动的次数多,声音就高;音乐的长短高低、不同的音调,都是依照数量的比例所组成的,如第八音程是1∶2,第四音程是3∶4。

赫拉克利特

赫拉克利特

赫拉克利特(Heraclitus,约前535—前475年),古希腊一位富有传奇色彩的哲学家,他认为世界是对立统一的,一切产生于"一"。

赫拉克利特的重要著作《论自然》现在仅剩残篇,其中直接涉及美学的部分不多。毕达哥拉斯侧重对立的和谐,赫拉克利特则侧重于对立的斗争。他说得很明确:"**差异的东西相会合,从不同的因素产生最美的和谐,一切都起于斗争。**"他认为一切都在变动中,像流水一样,没有人能在同一条河流插足两次。这虽是一般的哲学观,对于美却有重大意义。如果接受了赫拉克利特的看法,美就不是绝对永恒的。他曾说:"**比起人来,最美的猴子也还是丑的。**"这就是美的相对性的一句最简短也最形象化的说明。

德谟克利特

德谟克利特

德谟克利特(Democritus,约前460—前370年),古希腊哲学家,原子唯物论学说的创始人之一。他认为世界自从建立之日起,就在遵循规律发展,这些规律是上天注定的。

德谟克利特是原子论的创始人。据传,他写过《论节奏与和谐》《论音乐》《论诗的美》《论绘画》等有关美学的著作,可惜全部都失传了。从现有的断简残篇和同代人的记述来看,他比前人更注意美和艺术现象的社会性质。他说:"**身体的美,若不与聪明才智相结合,是某种动物的东西。**"[①] "**只有天赋好的人能够认识并热心追求美的事物。**" "**大的快乐来自对美的作品的瞻仰。**" 从这些言论可以看出,他把追求美看成人类的特点之一,热情肯定了美的创造和欣赏,认为美感判断关系到人的质量,要求快感必须高尚,这些都是前人未说到的。

他也是最早表述模仿理论的人之一。他认为艺术的起源就是对动物行为的模仿,是最早的艺术起源论。但他并没有只停在用模仿来解释起源论。根据第欧根尼的转述,他认为"艺术既不是起源于雅典娜,也不是起源于别的神:一切艺术都是逐渐地由需要和环境产生的"。

在美的问题上,德氏继承了毕氏传统,认为美在于对称、合度、和谐等数量关系。他尤其注意尺度问题:"**如果把尺度提高,那么就连最美的也会变成最丑的。**"

智者

如果说,早期希腊美学以自然哲学为主要的组成部分,那么从德谟克利特和智者(Sophist)们开始,美学就从自然哲学逐渐转向社会问题。

公元前五世纪中叶,在雅典城邦出现了一批以传授知识和辩论为业的人,史称智者派或诡辩学派。主要代表人物为普罗泰戈拉(Protagoras,前490—前420年)、高尔吉亚(Gorgias,前483—前375年)等人。智者派的特色为相对主义和主观主义;把自然哲学转向对人和社会的研究。

美学也建立在主观主义和相对主义上。他们认为美和艺术完全是相对的,取决于人的主观感觉。智者派还用愉悦或快感等感受,给美下了个有名的定义:"美是通过视听给人以愉悦的东西。"这是一种享乐主义和感官主义的表达,在美学史上产生了长久的影响。

值得特别注意的,还有高尔吉亚的艺术幻觉论,在《海伦颂》中,他

---

① 如果只有身体美,那就和动物没有两样,因为动物也有身体美,但不像人类会通过聪明才智去追求美。

把艺术的本质归结为幻觉或欺骗,认为世界上的一切事物都可以用语言来表达;语言可以使听者相信任何事情,包括不存在的事物在内。它具有一种非凡的魔力,能把灵魂引入一种幻觉状态,从而使人产生快乐、悲伤、怜悯、恐惧等感情。他的幻觉论最早提出了艺术与幻觉的关系,这一理论涉及艺术与现实、虚构与真实、创作与欣赏、体验与表现等许多重大的美学问题。可惜艺术幻觉论在希腊没能占领主导地位,直到十九世纪后半叶以后,才为人们高度重视,并且在现代美学中得到发展。

苏格拉底

苏格拉底

苏格拉底(Socrates,约前469—前399年),古希腊思想家、哲学家,苏格拉底和他的学生柏拉图,以及柏拉图的学生亚里士多德并称为"古希腊三贤",他被后人广泛地认为是西方哲学的奠基者。

苏格拉底没有留下任何一部著作。关于他的美学,主要的文献是其门徒色诺芬的《回忆苏格拉底》(*Memorabilia*)和柏拉图早期所写的几篇对话录。苏氏的美学观点标志着美学思想一个很大的转变。此前的自然哲学家们（毕达哥拉斯、赫拉克利特和德谟克利特）都用自然哲学的观点去看美学问题；从苏格拉底开始，才从人文社会科学的角度看该问题。他把美和效用联系起来看，美必定就是有用的，衡量美的标准就是效用，有用就美。所以美不能说完全在事物本身（如形状、结构等），也与对人有用无用有关（也就是"美＝善"）。

柏拉图

柏拉图

柏拉图①（Plato，前427—前347年），古希腊伟大的哲学家，也是西方哲学乃至整个西方文化中最伟大的哲学家和思想家之一。

柏拉图的美学思想主要体现在他的《对话录》里，较为集中处理美学问题的对话录有几篇②；其他对话录也零星地讨论过一些美学问题。柏拉图的美学思想，可以简单整理为如下三点。

---

① 关于柏拉图的部分，亦可参见第四章的说明；第四章是从"美感经验"的角度论述的，与这里的说明不太相同。
② 参见第一章之"美学小辞典"。

艺术和真实的关系：艺术和真实有隔阂

这个看法是以柏拉图的"理型论"[①]为基础的，柏拉图认为通过感官接触到的现实世界，并不是最真实的世界，只有通过理性把握到的才是真实的世界，现实世界只是"理型"的摹本。现实世界是"外表"（appearance）、"看起来如此"（appear as）的世界，而"理型"才是"真实"（real）的世界。现实世界是通过感官"看起来"的世界，而真实世界则是要通过"理性"（思想）才能掌握到的"理型世界"。

这个看法也表现在柏拉图的美学上：柏拉图在《理想国》第十卷中举了个例子，大意是：有三种床。第一种是床的理型，这是上帝心中的床；第二种是现实世界中的床，这是工匠造出的床，他要模仿第一种床（即床的理型）才造得出现实的床来；第三种是艺术中的床，这是画家所画的床，他要模仿工匠造出的现实床才画得出来。第三种床模仿第二种床，而第二种床模仿第一种床。也就是说，艺术模仿现实世界，而现实世界则模仿理型界。床的理型，是永恒的、普遍的，是所有的床所从出的根源，它才是最真实的；工匠造的床，虽然是模仿床的理型，但只模仿得床的理型的一部分，没有永恒性和普遍性，只是"摹本"或"幻相"；而画家画的床，是根据工匠做的床画出来的，只模仿到床的外形，没有功能，所以更不真实，只能算是"摹本的摹本""影子的影子"，"和真实隔着三层"。艺术依存现实世界，现实世界依存理型世界，但理型世界却不依存这两种世界。就艺术与真实的关系来说，现实美高于艺术美，而美本身（理型、真实）则又高于现实美[②]，因此才说艺术"和真实隔着三层"[③]，代表艺术和真实有隔阂。

[①] 关于"理型论"，详见本书第四章柏拉图"美在理型"的部分。
[②] 请注意"真实"不等于"现实"。这里的"真实"（reality）指的不是"现实世界"（actual world），而是指"理型"。
[③] 如果"理型"（真实）是第一层，现实世界是第二层，而艺术在第三层，那么实际上，艺术和真实之间只隔着一层现实世界。但如果说真实是第一层，而艺术在第三层，说两者"相差"二层也是合理的。至于原著所说的"相隔三层"，只是要表示艺术离真实很远，未必真有三层之遥。

艺术的教育功能：鼓动感性和提供坏榜样

认为"艺术和真实有隔阂"，这是从"哲学"（特别是"存有论"）的观点来看；若是从艺术的社会功能、社会责任来看，则又是"教育学"的问题。柏拉图在《理想国》第二卷的结尾和第三卷的大部分篇幅里（在卷十又重申一次）说，要把叙事诗人和戏剧作家逐出理想城邦之外。柏拉图不是不爱这些作品，或不懂它们的价值，反而是因为他深刻知道这些文艺作品的影响力有多大。因为它们会引动人的情感，使头脑简单的人容易上当。他也反对诗人把诸神描绘得和凡人一样，做出各种恶劣行径，这会成为城邦里青年人的坏榜样。严格来说，柏拉图并不是禁止所有的文艺作品——叙事诗和戏剧诗当然是受到禁止，但是抒情诗在当局严格的指导下，可以准许。

文艺创作的原动力：灵感

艺术创作是从哪里来的？诗人凭什么创作出伟大的诗篇？柏拉图给的答案是："灵感。"柏拉图在《伊安篇》中讨论诗人灵感的问题，结论是"灵感是神灵凭附"；而在《斐德若篇》则透过"迷狂"来谈"诗的迷狂"（即灵感），结论也同样是"神灵凭附"，但说明得更加明确：神灵指的是天神缪斯姊妹们。在这篇对话论中，他还把迷狂和灵魂的轮回结合起来。

当然许多讨论者都针对柏拉图的灵感论加以批评，说神灵凭附说否定了人本身的创造活动。也许有部分的确是如此，然而不论在《伊安篇》或《斐德罗篇》，都在说明光凭理智是无法创作文艺的，而且也说明了（特别是《伊安篇》）：文艺创作不是一种"技术"[①]，因此不是一种"知识"，它没有规则，所以无法传授；既然不是技术，所以诗在当时不被认为是我们今天意义上的艺术；因为我们所认为的艺术，在当时都是技术。这点在艺术的分类史中相当重要，是他的灵感说中不可忽视的重点。

上文的两点"真实"和"禁止诗人"表现了柏拉图对于艺术比较负面

[①] 参见第三章"艺术作为技术"的部分。既然不是"技术"，所以"诗"在当时不被认为是我们今天意义上的"艺术"；因为我们认为的"艺术"，在当时都是"技术"。

的看法,下面将说明他的学生亚里士多德如何克服这两个问题。

亚里士多德

亚里士多德

亚里士多德(Aristotle,前 384—前 322 年),伟大的哲学家、科学家和教育家,堪称希腊哲学的集大成者。他是柏拉图的学生,亚历山大的老师。作为一位百科全书式的科学家,他几乎对每个学科都做出了贡献。

关于亚里士多德和美学的关系,可以透过他和老师柏拉图的不同观点来理解。柏拉图对艺术的评价不高,因为,他认为艺术远离真实而且鼓动感性。亚里士多德的艺术理论(特别是悲剧理论),正好可以看成是对柏拉图以上两点主张的反驳。

关于美的理论

亚里士多德并不像柏拉图那样,有专门论述美的著作,而是散见在各处,不过,他对于艺术反而有集中的论述。这并不是说,他没有关于美的理论;相反地,他不但有关于美的理论,而且还是其艺术理论的基础。

亚里士多德并不像柏拉图那样，在超越的世界中寻找"美"的理型，而是在现实世界和具体事物中去寻求美和艺术的本质。在《形而上学》中，他认为美不是理型，美只存在于具体的美之事物中，取决于客观事物的属性，那就是：体积大小适中和各组成部分之间有机地和谐统一。他还认为，"美的主要形式是秩序、匀称、明确"。在他其他的著作中，他还从体积、安排、规模、比例、整一等各方面来谈"美的形式"，从这里可以看出毕达哥拉斯学派的"美在于和谐与比例"对他的影响。他的艺术理论也是以这个原则为基础。在谈论情节长短时，他说，无论是活的动物，还是任何由部分组成的整体，若要显得美，就必须符合以下两个条件，即不仅本体各部分的排列要适当，而且要有一定的、不是得之于偶然的体积，因为美取决于体积和顺序……所以，就像躯体和动物应有一定的长度一样——以能被不费事地一览全貌为宜，情节也应有适当的长度——以能被不费事地记住为宜。①

关于艺术的理论

亚里士多德的艺术理论集中在《诗学》和《修辞学》，尤以《诗学》影响为大。《诗学》讨论的内容是悲剧和喜剧，可惜讨论喜剧的部分已经失传。不过，单就《诗学》流传下来讨论悲剧的部分，就足以让亚里士多德的文艺思想影响欧洲两千多年了。

对于艺术的新诠释：试图回答柏拉图的问题

在艺术理论方面，亚里士多德也和柏拉图一样主张"模仿论"，但在许多重要方面，他与柏拉图的艺术观有着根本的差异。我们可以将他的艺术理论视为是要反驳柏拉图在《理想国》中对艺术的两项指控：远离真实和鼓动情绪。

---

① 参见陈中梅译，《诗学》，北京：商务印书馆，1996。

- 艺术远离真实

亚里士多德虽然认为艺术的本质是在模仿,然而他所说的模仿,并不是依样画葫芦地再现外物,而是加上艺术家自己的主动建构,类似今日的创造(虽然希腊当时并无此概念)。无论如何,亚里士多德的模仿概念与柏拉图相当不同。在《诗学》第九章,亚里士多德比较诗(指戏剧,甚或更广义的文艺)和历史:

> 诗人的职责不在于描述已经发生的事,而在于描述可能发生的事,即根据可然或必然的原则可能发生的事。历史学家和诗人的区别不在于是否用格律文写作(希罗多德作品可以被改写成格律文,但仍然是一种历史,用不用格律不会改变这一点),而在于前者记述已经发生的事,后者描述可能发生的事。所以,诗是一种比历史更富哲学性、更严肃的艺术。因为诗倾向于表现带普遍性的事,而历史却倾向于记载具体事件。所谓"带普遍性的事",指根据可然或必然的原则某一类人可能会说的话或会做的事——诗要表现的就是这种普遍性,虽然其中的人物都有名字。所谓"具体事件"指阿尔基比阿得斯做过或遭遇过的事。①

我们可以这样来诠释:历史描述已发生的事,所以它只实现了一种可能性;但诗(戏剧)是描述"可能"②发生的事,可以不局限在已发生的事,因此可以实现无限的可能性;现实的人生或历史只有一种,未必符合我们内心的期望,而有多少种戏剧就能实现多少种可能性。就这个意义来说,它比历史更为普遍,因而更富哲学性。此外,在《诗学》中,他谈到诗人的模仿有三种方式:照事物本来的样子去模仿、照事物为人们所说的样子去模仿、

---

① 参见陈中梅译,《诗学》,北京:商务印书馆,1996。
② 根据陈中梅的解释,亚氏认为,事物的存在或不存在,事情的发生或不发生,若是符合一般人的看法,这种存在或不存在,发生或不发生便是可然的。"必然"排斥选择或偶然:一个事物若是必然要这样存在,就不会那样存在;一件事情若是必然会发生,就不会不发生。

照事物应当有的样子去模仿。第一种模仿是指忠实的模仿,第二种模仿指的是神话传说,第三种模仿则是指事物的内在规律,如可然律与必然律。亚里士多德最推崇第三种模仿,而柏拉图所认定的艺术的模仿是第一种模仿——如果艺术只是这种模仿,那当然会远离真实,因为摹本本来就比不上原本,何况是"摹本的摹本"。但是亚里士多德认为真正的模仿,其实是第三种,它不是只有再现,还有"创造"。所以亚里士多德才说:"**做诗的需要,作品应高于原型,以及一般人的观点。**"① 这算是回答了柏拉图的问题:真正的模仿,不会低于原本,所以不会远离真实;真正的模仿反而高于原本,体现"真实"。

- 艺术鼓动情绪

至于柏拉图的第二点质疑,即艺术会鼓动情绪,是因为柏拉图相信情欲与快感是有害的,会破坏人的理性。而亚里士多德则认为:追求快感的满足是人的天性,快感是正常现象,不是种恶,不应该压抑。文艺理应引起快感,使人喜爱,并得到美感的满足,这对社会不但无害,还能促使人得到健康和谐的发展。柏拉图认为艺术引起的快感伤风败俗,因为艺术迎合人的情欲,满足人最卑劣的情绪。例如,悲剧为了使观众得到快感,总是尽量满足人们遇到灾祸时要痛哭、倾诉的倾向,他认为这种自然倾向就是"感伤癖"或"哀怜癖",说悲剧就是拿别人的灾祸来滋养自己的哀怜癖,等到亲临灾祸时,哀怜癖就不受理性控制,就不能沉着、镇定和勇敢。亚里士多德反对这种观点,他认为悲剧的目的就是要把人们的"怜悯"和"恐惧"这两种情感引发出来,然后再"净化"它们。在《诗学》中,他建构这个悲剧理论的"净化说",可以看成对柏拉图的反驳。

悲剧理论

在《诗学》第六章,亚里士多德给悲剧的定义是:**悲剧是对一个严肃、完整、有一定长度的行动的模仿,它的媒介是经过"装饰"的语言,以不同**

---

① 参见陈中梅译,《诗学》,北京:商务印书馆,1996。

的形式分别被用于剧的不同部分，它的模仿方式是借助人物的行动，而不是叙述，通过引发怜悯和恐惧使这些情感得到疏泄（净化）。①

这个定义谈到了悲剧的整体形式（"形式因"：整个定义本身）、媒介（"质料因"：经装饰的语言）和目的或效用（"目的因"：引发怜悯和恐惧之情而净化之）②，这里没有提到"动力因"，因为悲剧的动力因，就是其创作者（诗人）③。

他指出，悲剧含有六个成分：**作为一个整体，悲剧必须包括如下六个决定其性质的成分：即情节、性格、言语、思想、戏景和唱段，其中两个指模仿的媒介，一个指模仿的方式，另三个为模仿的对象。**④ 模仿的媒介指的是言语和唱段，模仿的方式指的是戏景，模仿的对象指的是情节、性格和思想。而在这六个成分中，最重要的是情节，也就是事件的安排。

延续模仿论的观点，亚里士多德认为悲剧是行动的模仿，而不是模仿人的性格与思想——悲剧的目的在于组织情节、模仿行动，通过行动才能表现人物的性格与思想。而模仿哪一种人呢？亚里士多德认为：**悲剧和喜剧的不同也见之于这一点上：喜剧，倾向于表现比今天的人差的人；悲剧则倾向于表现比今天的人好的人。**⑤

至于情节的安排，亚里士多德认为情节应当完整，需要具有起始、中段、结尾的有机结构，在情节的安排上也必须排除偶然与不合理之处，那些可有可无、与整体无关的剧情，就应该删除，这样结构才会严谨。

我们总结一下亚里士多德在美学史上的地位：亚里士多德一方面整合了在他之前所有希腊美学思想家的要点，加以继承和批判，并且建构自己的

---

① 参见陈中梅译，《诗学》，北京：商务印书馆，1996。括号内文字为作者所加。
② 这就是有名的"净化说"。"净化"（catharsis，或译为陶冶、宣泄）是当时希腊常见的概念，用在医疗上指的是宣泄，宗教上则有洗涤罪愆的意味。亚里士多德在《诗学》里对于净化的定义这部分的章节已经佚失了，但是从《诗学》的相关章节，和亚里士多德其他著作对照来看，指的就是借由对艺术的审美感受，使人得到一种无害的快感，使心理情感得到陶冶、宣泄。
③ 四因说是亚里士多德用来解释事物存在的一种方式，"四因"指的是"形式因""质料因""动力因"和"目的因"。
④ 参见陈中梅译，《诗学》，北京：商务印书馆，1996。
⑤ 同④。

体系；而在启后方面，《诗学》迄今仍然是文艺理论领域必读的经典，亚里士多德堪称是美学史上最重要的人物之一。

贺拉斯

贺拉斯

贺拉斯（Horatius，前65—前8年），罗马帝国奥古斯都统治时期著名的诗人、批评家、翻译家，代表作有《诗艺》等。他是古罗马文学"黄金时代"的代表人之一，与维吉尔、奥维德并称为古罗马三大诗人。

贺拉斯生在罗马文学的黄金时代（即所谓奥古斯都时代），是讽刺诗人和抒情诗人，与维吉尔和奥维德两位大诗人同一时期。主要的美学著作是《诗艺》，其中创见不多，但代表了当时流行的一些文艺信条。内容分为三部分：第一部分泛论诗的题材、布局、风格、语言和音律以及其他技巧问题；第二部分讨论诗的种类，主要讲戏剧体诗，特别是悲剧；第三部分讨论诗人的天才和艺术，以及批评和修改的重要性。这三个部分的思想层次往往很零乱，尽管作者再三强调诗文要讲究层次布局，然而，就性质来说，这篇作品与其说是理论的探讨，不如说是创作的方剂。

在诗的功用问题上，贺拉斯的看法对于后人的影响比较大。贺拉斯认为诗有教益和娱乐的两重功用，本来他没有提出什么新的东西，不过他说得比前人更为简洁明确——**诗人的目的在于给人教益，或供人娱乐，或是把愉快的和有益的东西结合在一起。**这就成为一个公式，被后来文艺复兴和新古典主义时代的文艺理论家们反复援引、讨论。

《诗艺》对后世最大的影响在于古典主义的建立。贺拉斯劝告皮索父子说："**你们须勤学希腊典范，日夜不辍。**"这句劝告成为新古典主义运动中一个鲜明的口号。强调古典文化的继承，原有其积极的一面，但若不建立在批判的基础上，继承势必会流于保守。这表现在贺拉斯所建立的一系列教条上。首先是文艺选材的问题，贺拉斯虽然承认选材可以"谨遵传统"，也可以独创，但是在这两种途径之中，沿用旧题材是比较稳妥的。

其次是关于处理题材的方式，贺拉斯的看法基本上也是保守的。连诗的格律，贺拉斯也主张拉丁诗应该沿用希腊诗的格律，尽管这两种语言在音调上有很大的分别。但是，贺拉斯不反对诗人运用日常生活中的词汇，甚至不反对铸造新字来表示新事物。他把新字叫作"带有时代烙印的字"。

贺拉斯强调模仿古典，但也反对生搬硬套，或是"逐句逐字的翻译"。

根据古典主义者的看法，诗所必不可少的品质是什么？贺拉斯的回答是"合式"（decorum）或"妥帖得体"。合式这个概念是贯串《诗艺》的一条主轴。根据这个概念，一切都要做到恰如其分，让人感到完美，没有什么不妥当之处。这主要是对于艺术形式技巧的要求。亚里士多德在《诗学》和《修辞学》里已一再涉及这个概念，但是并没有特别强调。到了罗马时代，合式就发展成为文艺中涵盖一切的美德。

合式这个概念首先要求文艺作品首尾融贯一致，成为有机整体。有机整体也是亚里士多德在《诗学》里特别强调的，不过他是专就作品的内在逻辑和结构来说的。贺拉斯进一步把整体概念推广到人物性格方面：**如果你把前人没有用过的题材搬上舞台，敢于创造新人物，就必须使他在收场时和初出场时一样，前后完全一致。**

根据"合式"的概念，贺拉斯替戏剧制定了一些"法则"，例如每个剧本"应该包括五幕,不多也不少";每场里"不宜有第四个角色出来说话";丑恶凶杀的情节只宜通过口头叙述,不宜在台上表演等。这些"法则"大半来自当时的戏剧实践,原来各有其理由,不过贺拉斯有把它们定成死板规律的倾向,这对于后来西方戏剧的发展有时成了一种束缚。

《诗艺》对于西方文艺影响之大,仅次于亚里士多德的《诗学》,有时甚至还超过了它。这对于许多读过《诗艺》而感觉它平凡枯燥的人而言不免疑惑:贺拉斯为何具有那么大的影响力呢?其实,他的成就主要在于他奠定了古典主义的理想。他把他所理解的古典作品中最好的品质和经验教训总结出来,用最简洁隽永的语言把这些总结铭刻在四百几十行的"短诗"里,替后来欧洲文艺指出一条格调虽不高,却平易近人、通达可行的道路。这并不是一件可被轻忽的工作,他的成功并不是侥幸的。

普罗提诺

普罗提诺

普罗提诺(Plotinus,205—270年),新柏拉图主义奠基人。生于埃及,233年拜亚历山大城的安漠尼乌斯为师学习哲学,曾参加罗马远征军,其目的是前往印度研习东方哲学。此后定居罗马,从事教学与写作。其学说融汇了毕达哥拉斯和柏拉图的思想以及东方神秘主义，视太一为万物之源，人生的最高目的就是复返太一，与之合一。其思想对中世纪神学及哲学，尤其是基督教教义，有很大影响。

普罗提诺是古代和中世纪交界时期的人物。他是新柏拉图主义哲学的创立者、中世纪宗教神秘主义始祖，也是美学史上第一位将美与艺术联结在一起的人。其著作共五十四篇文章，均由其弟子波菲利（Porphyry）编纂成册，编成六卷，每卷有九章，故称为《九章集》（Enneads）。关于美学方面的论述则集中在第一卷第六章《论美》，以及第五卷第八章《论理性美》。

他的核心思想是"流溢说"（Emanation），也就是宇宙万物的本源是"太一"（The One），就是"神"。神就像太阳一样，光芒四射，整个世界的产生，就是太一或神之光照流溢出来的结果；但神不会因为这种流溢而减损其光。这种世界生成的"流溢说"和基督教"无中生有"的创造说并不相同。

从太一最初流溢的是"心智"（Nous），它并不在时空之内，是超感觉的存在；这是纯粹的理智、精神或思想，类似于柏拉图的理型。其次，从心智流溢出"灵魂"（世界魂），不具形体又不可分，是感觉界和心智界的接触点；世界魂又在个人的存在中流溢出个体灵魂。最后流溢出的物质世界，没有空间上的规定，乃是一片虚无。物质的最大功能是承受"形式"的规定而成为个别事物，犹如一面镜子，因受心智的照射，在镜面反映而为万事万物。普罗提诺接受新毕达哥拉斯派的主张，将物质视为"恶之原理"，太一是善，物质等于"善的缺乏"，所以丑恶黑暗。①

通过上述流溢说的哲学理论，普罗提诺对美作了分析②。他说美主要诉诸视觉，就诗歌和音乐来说，也诉诸听觉。但美在于从感觉世界逐渐上升到心灵，所以有美的生活、美的行为、美的性格、美的学问，以及道德品质的美。这里当然有着柏拉图《会饮篇》的影子。

---

① 以上关于流溢说的描述，参考李长之，《西洋哲学史》，天津：天津人民出版社，2016。
② 以下关于普罗提诺对"美"的分析，参考陆扬，《普罗提诺〈九章集〉》，收录于朱立元主编，《西方美学名著提要》，南昌：江西人民出版社，2000。

对于毕达哥拉斯以来的"美在于和谐和比例",普罗提诺有不同的看法:他不同意美在于匀称,他指出如果美在于匀称,那么它就只能出现在复杂的对象之中,而不会出现在个别的色彩和声音里,像太阳、金子、闪电和光,这些单纯之物的美,都将无从谈起。以人脸为例,同一张脸的匀称程度始终如一,但有时美,有时不美,这其实是因为表情的缘故,而表情是发自内心的。是故,美和匀称不是同一回事。

他强调最高的美是不可见的,须凭借灵魂而非感官去观照它;在这至美的观照中,灵魂升向上界,感觉留在下界。这是因为美的东西都来自理念(理型),而理念是心智产生的东西。普罗提诺说,它是第一眼就可以感觉到的那种东西,灵魂彷彿有所理解,马上就判定它是美的,"情投意合地"欢迎它的到来。反之遇到丑的东西时,灵魂就拒绝它,摒弃它。

在第五卷的一些章节中,他谈到了对艺术的看法[1]。他认为如果有人看不起艺术,是因为艺术模仿自然,那么就必须告诉他:自然也是模仿的产物。此外,艺术不仅可以模仿看得见的东西,也能模仿自然事物所从中而出的理念(理型);许多艺术作品是艺术所独创的,因为艺术具有美,能弥补事物的缺陷。他和柏拉图的差异在此处是显而易见的。柏拉图之所以看不起艺术,是因为他认为艺术模仿的是现实世界(感性世界),是幻影的幻影;而普罗提诺则认为艺术模仿的是理型界,模仿的是本质,甚至可以弥补原本事物的缺陷。

中世纪美学

从公元476年西罗马帝国灭亡,一直到1453年东罗马帝国灭亡,这之间大约一千年的时间,一般被称为中世纪或中古时期。在中世纪的西欧,罗马的基督教会占有最高的地位,拥有财富和权力。一般来说,中世纪的文化就是基督教文化,许多问题几乎都是从宗教的角度去看,一切学问都

---

[1] 参考陆扬,《普罗提诺〈九章集〉》,收录于朱立元主编,《西方美学名著提要》,南昌:江西人民出版社,2000。

成了神学的一个部门,美学也不例外。这是美学发展的新阶段,既然美学已被纳入神学,它的任务就是"上帝至美"。由于自然是神造的,而艺术是人造的,因而中世纪哲学家看重自然、贬低艺术品,所以中世纪美学不以艺术为对象。中世纪美学的理论基础是柏拉图的哲学、新柏拉图主义普罗提诺的哲学和基督教的教义之间的相互融合(以奥古斯丁为主),后来还加上了一个亚里士多德的哲学(例如托马斯·阿奎纳)。中世纪的美学思想虽必须被纳入神学之下,但它对于上述几个理论源头的融会,及其所提出的一些美学概念和问题,对近代美学也产生了重大的影响,因此,我们也不应忽视中世纪美学。

奥古斯丁

奥古斯丁

奥古斯丁(Augustine,354—430年),罗马帝国时期基督教思想家,欧洲中世纪基督教神学、教父哲学的重要代表人物,奥斯定会的发起人。

奥古斯丁在皈依基督教前,对希腊罗马古典文学有相当深刻的研究。

他当过文学和修辞学教师,并且还写过一部美学专著《论美与适宜》,手稿在当时就已失传。皈依基督教之后,他一方面钻研基督教经典,一方面仍继续研究柏拉图。他的美学言论大半见于《忏悔录》和他的神学著作。

奥古斯丁为美下的定义是"整一"或"和谐",给物体美所下的定义是"各部分的适当比例,再加上一种悦目的颜色"。前面的定义来自亚里士多德,后面的定义则来自西赛罗,但奥古斯丁把它们都结合在神学里:使人感到愉快的那种整一或和谐,并不是对象本身的性质,而是上帝在对象上打下的烙印。和谐之所以美,是因为它代表有限事物所能达到上帝的那种整一。但由于与杂多混合,比起上帝的整一,它究竟还是不纯粹、不完善的。这基本上还是受到柏拉图看法的影响:感性事物的相对美比不上理型的绝对美。

奥古斯丁还受了毕达哥拉斯派的影响,把"数"绝对化和神秘化。现实世界仿佛是上帝按照数学原则创造出来的,所以才会显现出整一、和谐与秩序。美的基本要素也就是数,因为它就是整一。这种从数量关系上寻找美的看法,上承毕达哥拉斯的黄金分割,下开达·芬奇、米开朗基罗以及霍加斯等艺术大师对于美的线形所求出的数量公式,以费希纳和实验主义美学派对于美的形象所进行的试验和测量,在美学发展中一直是很有影响力的。它的基本出发点就是形式主义。

奥古斯丁美学还有一点非常特别,就是他提出丑的问题。他认为美有绝对性而丑没有:丑都是相对的,孤立地看是丑,但在整体中却反能烘托出整体的美。这就是说,丑是形式美的一个因素。因此,丑在美学中不是消极的而是积极的范畴。但是如果没有合拍的心灵,就只能看到孤立的部分,看不到整体的和谐,只会觉得某部分丑,或全部都丑。后来理性主义哲学家莱布尼茨和沃尔夫等人也有类似的看法,并且认为丑恶烘托出美好,是上帝那位钟表匠的明智的安排。

托马斯·阿奎纳

托马斯·阿奎纳

托马斯·阿奎纳（Thomas Aquinas, 1225—1274 年），中世纪经院哲学的哲学家、神学家。他把理性引进神学，用"自然法则"来论证"君权神授"说，是自然神学最早的提倡者之一，代表作为《神学大全》。

托马斯·阿奎纳是基督教公会公认的最伟大的一位神学家，他的美学思想散见于他的《神学大全》（*Summa Theologiae*）。他的基本出发点和奥古斯丁一致，也是把普罗提诺的新柏拉图主义应用在神学上，只不过他同时也受到了亚里士多德的影响。

让我们引用《神学大全》中的几段文字，对于托马斯·阿奎纳的思想进行分析。

（1）第一是一种完整或完美，凡是不完整的就是丑的；其次是适当的比例或和谐;第三是鲜明,着色鲜明的东西是公认为美的。

(2)人体美在于四肢五官的端正匀称,再加上鲜明的色泽。

(3)美与善是不可分割的,因为二者都以形式为基础;因此,人们通常把善的东西也称赞为美的。但是,美与善毕竟有区别,因为善涉及欲念,是人都对它起欲念的对象,所以善是作为一种目的来看待的。所谓欲念就是迫向某目的的冲动。美却只涉及认识功能,因为凡是一眼见到就使人愉快的东西才叫美的。所以美在于适当的比例。感官之所以喜爱比例适当的事物,是由于这种事物在比例适当这一点上类似感官本身。感觉是一种对应,每种认识能力也都是如此。认识须通过吸收,而所吸收进来的是形式,所以严格地说,美是属于形式的范畴。

(4)美与善一致,但仍有区别。因于善是"一定事物都对它起欲念的对象",从这个定义可以看出:善应使欲念得到满足。但是根据美的定义,见到美或认识美,这种见到或认识本身就可以使人满足。因此,与美关系最密切的感官是视觉和听觉,都是与认识最密切的、为理智服务的感官。我们只说景象美或声音美,却不把美这个形容词加在其他感官(例如味觉和嗅觉)的对象上去。由此可见,美向我们的认识功能所提供的是一种见出秩序的东西,一种在善之外和善之上的东西。总之,凡是只为满足欲念的东西叫作善,凡是单凭认识就立刻使人愉快的东西叫作美。

就引文(1)和引文(2)来说,首先,托马斯指出美的三个因素:完整、和谐、鲜明,都是形式的因素。这和奥古斯丁的观点几乎一致。但托马斯也说:美属于形式因的范畴,这是用亚里士多德的思想四因说来分析美。中世纪的学者谈到美,大半都认为美只在于形式上,很少有人会结合内容意义来论美,后来的康德在这点上也是一致的;此外,康德在美感中"各种官能和谐地发挥作用"的说法,在托马斯的美学思想中也早有了端倪。其次,在美的三个因素中,完整、和谐是从希腊以来的美学家就重视的;但是鲜明则是托马斯结合西塞罗和奥古斯丁所提到的颜色,另外提出的概念(他用了许多同义词，如"光辉""光芒""照耀""闪烁"等）。在这个概念中，他把美归结为神的特性。他给鲜明下的定义是："一件东西（艺术品或自然物）的形式放射出光辉来，使它的完美形式和秩序的全部丰富性都呈现于心灵。"而这种光辉是从哪里来的呢？上帝是活的光辉，世间美的事物就是这活光辉的反映，所以从事物的有限美可以隐约窥见上帝的绝对美。

就引文（3）和引文（4）来说，有几点值得我们注意。

首先，"凡是一眼见到就使人愉快的东西才叫作美"，这定义指出美是感性的、直接的、不假思索的，只涉及形式而不涉及内容意义。这种强调美的感性和直接性的观点，在康德和克罗齐的主观观念论的美学中得到进一步的发展：它是"美只关于形式而不涉及概念"这种说法以及"艺术直觉说"的萌芽。

其次，在指出美善一致时，托马斯又同时指出了美善的不同：善是欲念的对象，欲念所追求的对象不是立即可以达到的；美是认识的对象，一认识到，就立刻使美感得到满足，对于对象不起欲念，也就是说，美没有什么外在间接的实用目的。这也是康德"美感不是利害关系"的先驱。

最后，为何托马斯只承认视和听是美感的感官？理由有二：第一，视觉与听觉，"与认识关系最密切"，是为"理智服务的"；美感是认识活动，其他官能如味觉和嗅觉则和欲望的满足有关。第二，说美属于"形式因"的范畴，形式只能透过视觉和听觉去察觉。这里的重要性在于，这是寻找美感与一般快感区别的一个最早尝试，并且确定视觉与听觉为专门的美感感官，对后世也造成了一些影响。

总结来说，托马斯·阿奎纳集中世纪哲学的大成，也是士林哲学（经院哲学）的代表人物，上承柏拉图主义的神祕主义，下启康德的主观观念论和形式主义的美学，其重要性不言而喻，也是我们理解美学史流变不可或缺的人物。

延伸阅读

一、乔斯坦·贾德著,《苏菲的世界》。这不是一部美学史的书,却是美学史的理论基础书。大部分美学家的理论通常是他个人哲学系统的一部分,因此,《苏菲的世界》是一部哲学史小说,可以把它当作美学史的理论基础来看;它也是一部可以帮助想学习美学、但没有哲学基础的读者快速了解西洋哲学史的入门书。

二、亚里士多德著,《诗学》。本书的中译本非常多,此处就不一一介绍了,不论是哪个版本,读者都可以先去阅读第十章、第十一章,论"突转"和"发现"的部分。

3分钟重点回顾

1. 作为"美"之学,美学的研究主题包含:美、丑、崇高(壮美)、美感经验等。作为"感"之学,美学的研究主题包含艺术、美感经验和其他感性活动等主题。

2. 不论美学是否等同于艺术哲学,至少艺术美是两者共同的研究主题。自然美如果指的是自然事物所表现出来的美,那么艺术美则是透过人为的力量在各种艺术活动中所显现的美。

3. 美学所研究的主题,不是由美学家个人提出,就是由某个美学学派通过某部美学经典提出的。因此,理解重要的美学家、美学学派和美学经典对于理解美学这一学科,是必要的事情。

4. 早期希腊美学以自然哲学为主要的组成部分,从德谟克利特和智者们开始,美学就从自然哲学逐渐转向社会问题。苏格拉底把美和效用联系起来看,美必定是有用的,衡量美的标准就是效用,有用就美。

5. 柏拉图的美学思想,可以整理为如下三点:(1)艺术和真实的关系:艺术和真实有隔阂;(2)艺术的教育功能:鼓动感性和提供坏榜样;(3)文艺创作的原动力:灵感。

6. 亚里士多德一方面整合了在他之前所有希腊美学思想家的要点,加以继承和批判,并且建构自己的体系;而在启后方面,《诗学》迄今仍然是文艺理论领域必读的经典,亚里士多德堪称是美学史上最重要的人物之一。

7. 贺拉斯的成就主要在于他奠定了古典主义的理想。他把他所理解的古典作品中最好的内容和经验教训总结出来,用最简洁隽永的语言把这些总结铭刻在四百几十行的"短诗"里,替后来欧洲文艺指出一条格调虽不高但却平易近人、通达可行的道路。

8. 普罗提诺是古代和中世纪交界时期的人物。他是新柏拉图主义哲学的创立者、中世纪宗教神秘主义始祖,也是美学史上第一位将美与艺术联结在一起的人。

9.奥古斯丁为美下的定义是"整一"或"和谐",给物体美所下的定义是"各部分的适当比例,再加上一种悦目的颜色"。奥古斯丁把它们都结合在神学里:使人感到愉快的那种整一或和谐,并不是对象本身的性质,而是上帝在对象上打下的烙印。

10.托马斯·阿奎纳集中世纪哲学的大成,也是士林哲学(经院哲学)的代表人物,上承柏拉图主义的神秘主义,下启康德的主观观念论和形式主义的美学,其重要性不言而喻,是理解美学史流变不可或缺的人物。

Day 2
美学大师语录

美是那我不知道它是什么的东西。——彼特拉克

当美符合于我们与生俱来的美感观念时,它便打动了我们。——费奇诺

欣赏,这就是为着一件事物本身而爱好它,不为旁的理由。——达·芬奇

我看见了大理石里面的天使,于是我不停地雕刻,直到使他自由。——米开朗基罗

在绘画中,使人物画显得更美的,并不是那明亮的色彩,而是杰出的素描!——提香

绝大多数哲人,以及最伟大的人物,都通过对美的欣赏和沉思来补偿学校教育,并获得智慧。——蒙田

如果不保持一定程度的陌生感,就不会有出类拔萃的美。——培根

当我们近距离看时,许多原以为美的,其实是丑的。——斯宾诺莎

只有真才美,只有真可爱,真应统治一切,寓言也不例外。——布瓦洛

美、漂亮、好看,这些都不在物体本身,而在形式或是造成形式的力量上。——夏夫兹博里

最能打动心灵的还是美。美立刻在想象里渗透一种内在欣喜和满足。——艾迪生

真正的美起于完善,貌似的美起于貌似的完善。——沃尔夫

对事物的美感是天生的,先于一切习俗、教育或典范。——哈奇生

要用"美"这个词来称呼一件东西,这件东西必须引起你的惊叹和快乐。——伏尔泰

美不是对象的一种属性,它只存在于知觉者的内心。——休谟

美不是全部感官的对象。对嗅觉和味觉来说,既无美也无丑。——狄

德罗

　　美就是没有利害关系。——康德

　　崇高是引起惊美的,它总是在一些巨大的可怕事物上面见出。——柏克

DAY 3

第三章　美学的发展与演变：近代、现代和后现代美学

　　西方美学自从一七五〇年鲍姆嘉通创立"美学"（感性学）这门科学的称号开始，经过康德、施莱格尔、叔本华、尼采以至于柏格森和克罗齐，都由一个一脉相承的中心思想统治着，这就是美只关乎感性的看法。在这个潮流中，黑格尔可以说是中流砥柱，他把理性提到艺术中的首要地位。他肯定了思想性在艺术中的重要性，但是他同时也反对另一极端，即艺术的抽象公式化。

美学经历了什么样的发展与演变？
——近代美学、现代美学和后现代美学 ①

今天的内容承续前面的内容。西方美学的发展已经走过中世纪；现在要进入近代和现代了。这里所说的"近代"指的是一四五三年以后，到一九一四年左右的时间，也就是十五世纪到二十世纪初；而现代和后现代则指一九一四年以后到现在。必须说明的是，现代和后现代的区分，与其说是时间上的，不如说是风格上的②。

近代美学

文艺复兴

文艺复兴是中世纪转入近代的枢纽。它发源于意大利，逐渐向北传播，终于席卷了全欧。在北方各国，它演变成宗教改革或新教运动。文艺复兴极盛于十六世纪，但是在十三世纪就已在意大利酝酿了。但丁、彼特拉克和薄伽丘三位意大利文学奠基者，都是文艺复兴运动的先驱。文艺复兴的影响在后来每个政治运动和文化运动中都可以见到，至今还是鲜活存在着的。

---

① 本章"美学经历了什么样的发展与演变？"这一部分的内容，乃取材于如下两本书，故不再特别标注出处：（1）朱光潜，《西方美学史》上、下卷；（2）李醒尘，《西方美学史教程》。其中，近代美学部分主要是取材自（1），而现代美学和后现代美学部分则是取材自（2）。基本上补充的注解都是作者所下的，不是原书注解。作者没有改动原书的文句，除了如下状况：1.因应本文需要，统一名词；2.查阅所引原典内容，发现引文或译文有问题时，会修改其中文句；3.原典文句是作者补充引用时，会特别加注说明。

② 两者的区分详见96页注释①。

顾名思义，文艺复兴就是希腊罗马古典文艺的再生[1]。但是这个名称并不足以全面涵盖这个伟大运动。其一，文艺复兴不仅是希腊罗马文化的再生，它还受到许多外来文化的影响，看成希腊罗马文化的再生并不全面；其二，文艺复兴在西方的解释是"古典学术的再生"，而中文译词习惯用"文艺"代替"学术"，也容易引起误解。文艺复兴运动在精神文化方面的表现，并不仅只在文艺方面，也包括了自然科学。

文艺复兴虽然说是"巨人的时代"，但在美学和文艺理论方面，"巨人"却不是很多，我们只能略述如下。

在文艺理论方面，因为有文艺创作实践方面的巨大成就做基础，所以在大约三百年间，文艺理论得到了蓬勃的发展。工商业的发展促进了自然科学的发展，这给文艺复兴时代带来两大思想武器：经验和理性。欧洲哲学思想从十七世纪以后出现理性主义和经验主义两大流派；而在文艺复兴时代，理性和经验是统一的。

另外，基于批判中世纪教会神权文化的需要，文艺复兴的思想家们要建立人道（人本、人文）主义的文化，而希腊罗马的古典文化正是一种世俗性的人道主义文化，这使得这些学者必须严肃地对待古典文化遗产的继承问题：要接受古人的思想到哪种程度？建立自己的体系又到哪种程度？在一些美学问题上，意大利的人文主义者的态度是复杂，甚至是自相矛盾的。在**文艺与现实的关系**问题上，受到自然科学的影响，他们对于**艺术模仿自然**的传统坚信不移，但对于艺术须就自然加以理想化的理解就不同。而在**文艺的社会功用**上，少数人把文艺的功能局限于娱乐，但绝大多数人都深信贺拉斯的教益和娱乐两点论。最后，在**"文艺（美）的标准"**上，由于当时多数人强调人性的普遍性、各时代各民族的人在好恶上的一致，"绝对美"和"普遍标准"的看法是主流，但是"相对美"和"相对标准"的看法也逐渐开始出现了。

---

[1] "Renaissance"一词意为"再生"（re-naissance）。

法国理性主义美学与新古典主义美学

文艺复兴运动在意大利到了十六、十七世纪之交就衰退了,从此西方文化中心和领导地位转移到法国。法国在十七世纪领导了新古典主义运动,在十八世纪则带领了启蒙运动。

笛卡尔的理性主义美学

勒内·笛卡尔

勒内·笛卡尔(René Descartes,1596—1650年),法国著名哲学家、物理学家、数学家。哲学上,他是西方现代哲学思想的奠基人之一,开拓了理性主义哲学,提出"我思故我在"。

法国的新古典主义美学直接来自理性主义哲学,也就是说,他是笛卡尔理性主义哲学的体现。笛卡尔的美学理论还在探索中,并没有完整的体系;但他的思想基调是理性主义的,而这对于新古典主义的文艺实践和理论产生了广泛而深刻的影响。

布瓦洛的新古典主义美学

布瓦洛

布瓦洛（Nicolas Boileau—Despréaux, 1636—1711 年），法国诗人、文学批评家。1666 年发表一组讽刺诗，讽刺教士、妇女及巴黎的生活，成为莫里哀、拉辛等文豪的朋友。1674 年发表《诗的艺术》，阐明了文学的古典主义原则，对当时法国和英国的文坛影响很大。还撰有打油性叙事诗《读经台》，并且翻译了朗吉努斯的《论崇高》。

新古典主义的立法者和代言人是布瓦洛，它的圭臬是布瓦洛的《诗的艺术》。受到笛卡尔理性主义的影响，《诗的艺术》的第一章就说："**因此，要爱理性，让你的一切文章永远只从理性获得价值和光芒。**"亦即一切作为要以理性为准绳，文艺之美只能由理性产生。由于理性具普遍性和永恒性，所以美也必然是普遍和永恒的，使一切人都觉得美。具有普遍性和永恒性，那美就与真理无异了，如《诗简》所言："**只有真才美，只有真才可爱；真应该到处统治，寓言也非例外；一切虚构中的真正的虚假，都只为使真理显得更耀眼。**"这种和"美"同一的"真"，也就是"自然"。布瓦洛说：

"**让自然做你唯一的研究对象。**"新古典主义者相信"艺术模仿自然"的原则,把自然看作与真理同一,由理性统辖着,着重自然的普遍性和规律性。但是新古典主义者对于"典型"的理解还没有超出贺拉斯的定型和类型的看法。

– 古典主义的基本信条与基本成就

新古典主义具有两个基本信条:一、文艺具有永恒的绝对标准。人性(Nature,即自然)是符合理性的,符合理性的东西就必然带有普遍性和永恒性,所以文艺作品必须把这普遍永恒的东西表现出来,才能得到古往今来一致的赞赏。反过来说也是一样。二、既然久经考验的东西才是好的,而罗马的古典又符合这个条件,所以值得我们学习。新古典主义这个名词本身,就显示了继承古典是它的主要内容。作为笛卡尔《论方法》的信徒,新古典主义者把模仿古典和"规则"的概念结合在一起,而如此看重规则,也与他们轻视内容而过分重视形式技巧有关。

– 由古今之争引向启蒙运动

法国的新古典主义在文学上的成就是在戏剧,因此亚里士多德《诗学》所说的规则是否该被视为金科玉律,就是轰动的"古今之争"的话题之一:究竟是古人高明,还是今人高明?古派以布瓦洛领军,代表旧势力;今派以写神话寓言的夏尔·佩罗(Charles Perrault, 1628—1703 年)为主要发言人。值得注意的是,在这场争论中,今派之中涌现出一批新的文艺作家,其中杰出者之一是圣·厄弗若蒙(Saint-Évremond, 1613—1703 年)。他的可贵之处,在于表现出新古典主义所缺乏的历史发展观。他认为亚里士多德的《诗学》虽好,但并不适用于各个时代和各个民族;以它为标准来指导新的作品,说穿了就是削足适履。他向诗人发出了号召:"**宗教、政治机构以及人情风俗,都已经在这个世界里造成了很大的变化,所以把脚移到一个新的制度上去站着,才能适应现时趋向和精神。**"这句"把脚移到一个新的制度上去站着",指的就是从新古典主义的立场上移开,隐约透露了启蒙运动的信息。

英国经验主义美学：休谟

大卫·休谟

大卫·休谟（David Hume，1711—1776 年），苏格兰不可知论哲学家、经济学家、历史学家，被视为苏格兰启蒙运动以及西方哲学史中最重要的人物之一，代表作有《人性论》《英格兰史》。

近代英国的美学思想一方面是建立在经验主义的哲学基础上，一方面也反映了当时英国文艺的实践情况。由于经验主义在英国是主流，族繁不及备载，这里只介绍最具代表性的人物：大卫·休谟。

休谟是英国经验主义的集大成者。在英国经验派哲学家中，他是最笃好文艺也最关心美学问题的一个。他指责亚里士多德以后的批评家们，对文艺和美学问题所发的空谈甚多，所得到的成就却甚小，其原因在于没有用"哲学的精密性"来指导美感趣味。他的企图就是要把"哲学的精密性"带到美学领域里来。休谟的著作，与美学相关的主要有《人性论》中的一部分，《论趣味的标准》以及《论悲剧》。

- 美的本质

关于美的本质问题，休谟坚决反对"美是对象的属性"这种看法。他举过去许多形式主义者所赞美的圆形为例，"美"不是对象的一种属性，而是某种形状在人心里所产生的效果，这种效果之所以能产生，是由于"人心的特殊构造"。这几句话可以作为休谟的基本美学观点的总结。

在美的本质问题上，休谟主张的是效用说。这种效用说早就由苏格拉底提出过，不过休谟对它加以新的注释。这里有两点可以注意：第一，和苏格拉底一样，休谟借此来说明美的相对性，美是对人才有效的，它必然随人的利益不同而显现出分歧。第二，休谟把美分为来自感觉的和来自想象的两种。感觉的美（例如宫殿的外形和结构）是由感官直接接受来的，只涉及对象的形式；想象的美则起于对象形式所引起的对对象的便利和效用等观念的联想，这就必然涉及内容意义。由此看来，休谟总是把内容看得比形式更重要。

与效用说密切联系的是同情说。同情即属于休谟所说的"人性的本来的构造"或"心理功能"的重要组成部分。对象之所以能产生快感，往往由于它满足人的同情心，不一定触及切身的利害。例如，我们看到肥沃丰产的果园，尽管自己不是业主，不能分享业主的好处，但是我们仍可借助于活跃的想象，体会到这些好处，而且在某种程度上和业主分享这些好处，这就是运用同情了。

休谟还用同情说来说明一般所谓"形式美"，如平衡、对称之类，这仍要涉及内容意义。他说："**建筑学的规矩要求柱子上细下粗，因为这样的形体才使我们有安全感，而安全感是一种快感；反之，上粗下细的柱子使我们有危险感，这是不愉快的。**"从这个例子看，休谟所了解的同情并不限于人，也可以推广到无生命的东西（如柱子），柱子上细下粗让人有安全感，上粗下细就会引起危险感，不平衡的形体会引起跌倒的观念，这些都可以由于同情的影响，先想象到对象处在安全、危险或跌倒的状态，然后观者自己也随之起快感或痛感。这已经是移情说的雏形了。

"同情"（Sympathy）在英文里原义并不等于"怜悯"，而是设身处地分享旁人的情感，乃至分享旁物被人假想为有的情感或活动。现代一般美学家把它叫作"同情的想象"。以后我们还会看到，同情说在伯克、康德以及许多其他美学家的思想里占着很重要的地位，立普司一派的"移情"说和谷鲁斯一派的"内模仿"说都是同情说的变种。休谟所提的同情说注重美的社会性或道德性，有力地打击了形式美的传统观点。

– 文艺发展的历史规律

当时一般英国美学家都还缺乏历史观，休谟也是个历史学家，他在这方面做过一些尝试。休谟主张把作品摆在历史情境里去看，这在当时还是新鲜的。他还写了一篇《论艺术和科学的兴起和发展》，试图替文艺的发展找出规律。他所找到的有四条：一、文艺只有在自由的政体下才能发展；二、一系列独立的邻国维持商业和政治上的联系最有利于文艺的发展；三、文艺可以由一个国家移植到另一个政体不同的国家，开明的君主国对文艺发展最有利（共和政体对科学发展最有利）；四、文艺在一个国家里发展到高峰之后就必然衰落。他还举了一些历史事例作为论据。

休谟的观点只是一个时代的反映（例如把自由的条件摆在第一位，文艺达到高峰后必然衰落之类），有它们的历史局限性；但是用历史观来看文艺，在当时究竟还是起了进步的影响。在这方面，休谟也可能受到了法国启蒙运动的影响，因为他和多数法国启蒙运动的先驱都有交谊。

英国经验派美学家一直注重生理学和心理学的观点，把想象、情感和美感的研究提到首位，并且企图用"联想"① 来解释审美活动和创造活动，用生理观点有利于生命发展与否来区别美与丑，这样就把近代西方美学的发展，指引到侧重生理学研究，特别是心理学研究的方向。

英国经验主义美学的最大问题，在于过分重视生理和心理的基础，把人只看作动物性而非社会性的。由于过分重视美感的感性和直接性，以及情欲和本能的作用，忽视了美感活动的理性方面。

---

① 联想（Association），是一个心理学的基本原理，指的是：在时间或空间中相近，或性质上类似的观念或心理状态的联结，比如说，在追忆起过去的事件或经验时，也会对和这些事件有某些关系的其他事件和经验同时追忆起来。后来，"联想"这个概念的应用范围逐步扩大，还一度用来概括除原始感觉外的一切心理活动。同时，联想主义则成为概括全部心理学的理论。联想主义通常被认为是英国的学说：约翰·洛克（John Locke）首次采用了"观念的联想"（Association of ideas）的概念；休谟则提出联想的三种基本形式：相似联想、时空相邻联想及因果。其他的代表人物有：哈特利（David Hartley）、密尔父子（James Mill, John Stuart Mill）以及贝恩（Alexander Bain）等人。

近代德国美学：从启蒙运动到德国古典美学

德国启蒙运动是从新古典主义运动开始的。贯穿法国新古典主义运动的，是一场"古今之争"大辩论，德国新古典主义运动也掀起了一场大辩论，问题却不在"古今的优劣"，而在于德国文艺该借鉴法国还是英国，可以说是处于萌芽中的浪漫主义和即将没落的新古典主义之间的交锋。戈特舍德是这场争论的中心。

戈特舍德

戈特舍德

　　戈特舍德（Gottsched，1700—1766年），德国文学理论家、作家。他的代表作包括哲学著作《世界的真髓》、文学理论专著《为德国人写的批判诗学试论》、戏剧作品悲剧《濒死的卡托》等。戈特舍德是德国早期启蒙运动中最具影响力的作家，他为德国文学在十八世纪中叶以后的发展开辟了道路。

戈特舍德是莱比锡大学的教授，他的理论著作《为德国人写的批判诗学试论》在十八世纪前半叶产生过相当大的影响，可以说是布瓦洛《诗的艺术》的翻版。法国新古典主义文学在当时的欧洲，是大家公认的光辉典范，戈特舍德对它景仰备至，认为要使德国文学脱离它原有的粗野奇怪的"巴洛克"（Baroque）风格，就必须把法国新古典主义搬到德国的土壤中。他追随布瓦洛，写出《为德国人写的批判诗学试论》，讨论了布瓦洛所讨论过的诗的一般原则，以及诗的分类，并且替每类体裁定下了详细的规则。

布瓦洛的哲学出发点是笛卡尔的理性主义，戈特舍德的哲学出发点则是笛卡尔加上德国哲学家莱布尼茨和沃尔夫的理性主义，认为文艺基本上是理智方面的事，只要根据理性，掌握了一套规则，就可以如法炮制。

戈特舍德过于强调理性，马上就遭到了瑞士苏黎士的波特默（Bodmer, 1698—1783年）和布莱丁格（Breitinger, 1701—1767年）的联合驳斥，酿成所谓莱比锡派和苏黎士派的大辩论。波特默和布莱丁格虽然不否定理性，却更强调想象。理性和想象究竟应该侧重哪一边，这是新古典主义和浪漫主义的分歧之一。笛卡尔是侧重理性而看轻想象的，他几乎用对数学的要求去要求文艺，而受笛卡尔影响的布瓦洛在《诗的艺术》里对想象更一字不提。当时重视和研究想象与艺术的关系的，是英国经验主义派的休谟、艾迪生，以及意大利受到经验主义影响的穆拉托里和维柯等人。苏黎士派不但把艺术想象和艺术理想化结合起来，而且从想象观点出发，辩护诗中的惊奇因素——而这因素正是新古典主义所厌恶的。戈特舍德挑起了两派的争论，他攻击波特默的《论诗中的惊奇》。此后两派交锋多次，结果戈特舍德惨败，而他的支持者也都转到苏黎士派。

这场大辩论和它的结果标志着时代风气的转变。单就文艺本身来看，这是由法国影响优势到英国影响优势的转变，由新古典主义到浪漫主义的转变。

在这场大辩论中，还有一个人值得特别注意，这就是主张美学成为一个独立学科并把它命名为"埃斯特惕克"（Aesthetica），因而获得"美学之父"称号的鲍姆嘉通。他是普鲁士哈勒大学的哲学教授。哈勒大学在启蒙运动中,是德国莱布尼茨派的理性主义哲学的中心,在那里任教的莱布尼茨派学者沃尔夫是启蒙运动中哲学思想方面的领袖之一,鲍姆嘉通直接继承了他的衣钵。要了解鲍姆嘉通的美学观点,就必须对于理性主义的哲学系统——特别是其中的认识论有所理解。德国理性主义哲学的代表人物是莱布尼茨和他的门徒沃尔夫,因此我们要先介绍莱布尼茨,再介绍沃尔夫,最后再回到鲍姆嘉通。

莱布尼茨的理性主义美学

莱布尼茨

莱布尼茨(Leibniz,1646—1716年),德国哲学家、数学家,其研究涉及法学、哲学、历史学等,是历史上少见的通才,被誉为十七世纪的亚里士多德。

莱布尼茨是德国理性主义哲学家们的领袖。他的理性主义是从笛卡尔继承来的。莱布尼茨写了一部《关于知解力的新论文》,从理性主义的观点对洛克进行批评。他认为人生来就有些先天且先于经验的理性认识，一种"一般概念"，它们就像"隐藏在我们心里的火种，感官的接触就使它们迸射出像打钢铁时所迸射出的火花"。他把"连续性"原则（程度不同的事物由低到高是逐渐上升的，中间没有间隔）应用到人的意识，认为"明晰的认识"是认识的最高阶段，下面有不同程度的"朦胧的认识"，处在半意识或下意识状态，梦中的意识就属于这一类。"明晰的认识"又分"混乱的"（感性的）和"明确的"（理性的）两种。"明确的认识"要经过逻辑思维，把事物的部分和关系分辨得很清楚；"混乱的认识"则认识到事物的笼统形状，印象可以很生动，但未经分析，其中各部分的关系不能分辨得很清楚。

莱布尼茨把这种"混乱的认识"又称为"微小的感觉"（Les petites perceptions）。他举大海的啸声为例，说这是由许多个别的小浪声组成的。"明晰的认识"就是要在总体的啸声中分辨出每个小浪声以及许多小浪声的差异和关系。"混乱的认识"则只听到总体的啸声，虽然没有分辨出其中个别的小浪声，但这些小浪声却对听觉产生了影响。

莱布尼茨认为美感趣味或鉴赏力，就是由这"混乱的认识"或"微小的感觉"所组成的，因其"混乱"，我们对它就"不能充分说明道理"。他说：画家和其他艺术家们对于什么好、什么不好，尽管能很清楚地认识到，却往往不能替他们的这种审美趣味找出理由；如果有人问他们，他们就会回答说：他们不喜欢的那件作品缺乏一点"我说不出来的什么"（Je ne sais quoi）。

这个"我说不出来的什么"在当时，特别是在法国成为美学家们的一种口头语，指的正是还不能认识清楚的美的要素。这其实是一种不可知论。值得注意的是，莱布尼茨已把审美限于感性的活动，和理性活动对立起来。

莱布尼茨的世界观，体现在他在《单子论》里所说的"预定的和谐"的概念里。这个世界好比一座钟，其中部分与部分，以及部分与全体都安排得妥妥帖帖，成为一种和谐的整体，而上帝就是做出这种安排的钟表匠。在一切可能的世界中，这个世界是最好的。从美学观点看，它也就是最美的，因为它最完满地体现了和谐是寓杂多于整一的原则。

沃尔夫的美学

沃尔夫（Wolff，1679—1754年），德国著名的哲学心理学家、数学家。

沃尔夫是莱布尼茨的忠实信徒，他的功绩主要在于对莱布尼茨的理性主义哲学加以系统化和通俗化。就美学思想来说，他特别着重"完善"（Perfection）的概念。他替美所下的定义是："一种适宜于产生快感的性质，或是一种显而易见的完善。"又说，"美在于一件事物的完善，只要那件事物易于凭它的完善来引起我们的快感。"这个定义是把客观事物的完善和它在主观方面所产生的快感效果，作为美的两个基本条件。

鲍姆嘉通

鲍姆嘉通

鲍姆嘉通（Baumgarten，1714—1762年），德国哲学家，作家和评论家。

鲍姆嘉通接续着沃尔夫，对莱布尼茨的理性哲学进行进一步的系统化。

他看到人类心理活动分成知、情、意三个方面：研究知或理性认识的有逻辑学；研究意志的有伦理学；研究情感、意即"混乱的"感性认识却没有一门相应的科学。他建议应该设立一门新科学："Aesthetica"，这个字照希腊字根的原义来看，是"感觉学"（感性学）。由此可见，这门新科学是作为与逻辑学相对立的一种认识论而提出来的。莱布尼茨的"明晰的认识"所区分的"明确的认识"（理性认识）与"混乱的认识"（感性认识）于是在科学系统里都有了着落：前者归逻辑学而后者归美学。鲍姆嘉通在一七三五年发表的《诗的哲学默想录》中，首次提出建立美学的建议；一七五〇年他正式用"Aesthetica"来命名他研究感性认识的一部专著。从此，美学作为一门新的独立的科学就诞生了。

鲍姆嘉通在《美学》第一章里这样界定了美学的对象：美学的对象就是感性认识的完善（单就它本身来看），这就是美；与此相反的就是感性认识的不完善，这就是丑。从此可见，美学作为一种认识论被提出，同时是研究艺术和美的科学。这两项任务之所以结合成一个，是因为鲍姆嘉通把莱布尼茨的"混乱的认识"和沃尔夫的"美在于完善"结合在一起，认为美学所研究的对象是"凭感官认识到的完善"。完善是事物的一种属性，它可以凭理性认识，也可以凭感官认识。凭理性认识到的完善，例如数学演算式的完善，是科学所研究的真；凭感官认识到的完善，例如诗或花的完善，就是美学研究的美。

"感性认识"在莱布尼茨和沃尔夫的哲学中有独特的意义。它虽是"混乱的"，却是"明晰的"；"混乱"指未经逻辑分析，"明晰"指呈现生动的图像。凭这些感性认识见出事物的完善，就是见出美；见出事物的不完善，就是见出丑。虽是感性认识，它究竟还是一种审辨美丑的能力。鲍姆嘉通将这种审辨力称为"感性的审辨力"（Iudicium sensuum），即所谓的"美感趣味"或"鉴赏力"。

鲍姆嘉通对于"艺术模仿自然"的传统原则也有与过去不同的认识。他继承了莱布尼茨"在一切可能的世界中，这个世界是最好的世界"的看法。所谓"最好"就是"最完善"，最丰富的杂多调和于最完满的整一。

因此，艺术须模仿自然，即表现自然呈现于感性认识的那种完善。这种完善当然带有内在的联系和规律，但对美学来说，这种内在的联系和规律，不是由理性认识分析出来的，而是由感性认识把它作为感性形象而感觉出来的。所以，诗也有它的真实，但是诗的真实不同于逻辑的真实。鲍姆嘉通把诗的真实看成可然的真实：凡是我们在其中看不出什么虚伪性，但同时对它也没有确定把握的事物就是可然的。所以从审美见到的真实，应该称为可然性：一方面虽没有达到完全确定，但另一方面也不含有显然的虚伪性。

鲍姆嘉通的《美学》究竟有没有"新内容"呢？这个新内容，就是新古典主义到浪漫主义的转变。在这个转变中，鲍姆嘉通是站在新生事物而非垂死事物的那一边。他在新古典主义者所标榜的理性之外，把想象和情感提到第一位，在新古典主义者所标榜的普遍人性和类型之外，把个别事物的具体形象提到第一位，这对后来西方美学的思想发展，产生了巨大的影响。

德国古典美学：从康德到黑格尔

十八世纪末到十九世纪初，美学在德国得到蓬勃发展。从康德开始，经过歌德、席勒至德国观念论者（费希特、谢林、黑格尔），形成了强大的观念论美学流派。美学史上一般称之为"德国古典美学"。它们以德国古典哲学为理论基础，在西方美学史上占有重要的历史地位。它总结了以往美学的经验，批判地继承了英国经验主义和欧陆理性主义的美学经验，提供了严谨的美学思想体系。

此处，我们集中讨论两位影响最大的哲学家：康德与黑格尔。

康德生于普鲁士的哥尼斯堡，一七八一年出版《纯粹理性批判》，一七八八年出版《实践理性批判》，一七九〇年出版《判断力批判》，称为三大批判，在哲学的每个领域都代表一个里程碑：《纯粹理性批判》（我们能知道什么？）在知识论和形而上学领域、《实践理性批判》（我们应该做什么？）在伦理学领域、而《判断力批判》（我们能希望什么？）则在美学领域具有

康德

康德

伊曼努尔·康德（Immanuel Kant，1724—1804 年），德国哲学家，德国古典哲学创始人，其学说深深影响了近代西方哲学，并开启了德国古典哲学和康德主义等诸多流派。代表作有《纯粹理性批判》《实践理性批判》《判断力批判》。

不可撼动的地位。《判断力批判》设法在纯粹理性及实践理性两大批判中，建立媒介的桥梁，认为"鉴赏判断是美感的"讨论的是美学等问题。在此我们集中焦点，谈论康德对于"崇高的分析"。

- 康德论崇高

康德把美感判断分为"美的分析"和"崇高的分析"两部分。康德在美的分析中所得到的关于纯粹美的结论，基本上是形式主义的：美只涉及对象的形式而不涉及它的内容意义、目的和功用；而在崇高的分析中，他不但承认崇高对象一般是"无形式的"，而且特别强调崇高感的道德性质和理性基础，这就是放弃了美的分析中的形式主义。因此，当康德分析崇高后，再回头讨论美时，他对于美的看法就有了显著的转变，美在形式转变为"美是道德观念的象征"，美的基本要素就变成"内容"了。

– 崇高和美的异同

崇高与美是美感判断之下的两个对立面，但就它们同属于美感判断来说，却有些相同之处：它们都不只是感官的满足；都不涉及明确的目的和逻辑的概念；都表现出主观的符合目的性，而这种主观的符合目的性所引起的快感都是必然、可普遍传达的。

但是康德更注重的是崇高和美的差异：首先，就对象来说，美只涉及对象的形式，而崇高却涉及对象的"无形式"。形式都有限制，而崇高对象的特点在于"无限制"或"无限大"。康德说："**自然引起崇高的观念，主要由于它的混茫，它的最粗野最无规则的杂乱和荒凉，只要它标志出体积和力量。**"因此，美更多地涉及质，而崇高却更多地涉及量。其次，就主观心理反应来说，美感是单纯的快感，崇高却是由痛感转化而成的快感。

– 两种崇高：数量的和力量的

康德把崇高分为两种：一种是数量的崇高，特点在于对象体积的无限大；另一种是力量的崇高，特点在于对象既引起恐惧又引起崇敬的那种巨大的力量或气魄。

关于数量的崇高，所涉及的主要是体积。关于体积，感官所能掌握的只是有限大。然而，大之上还有大，伸展是无穷的，感官或想象力对巨大体积的掌握终究有其极限，不能达到无限大。数学式的或逻辑式的掌握都须假定某一种单位尺度作为比较的标准，以估计某物的大小，这种单位尺度是一种概念，所以这种掌握不是美感的。至于对崇高事物进行体积方面的美感估计，所见到的却是"无限大"或"无比的大"，即不根据某种外在的单位尺度或概念来进行比较，直接在对象本身上看出无限大，它本身的无限就是估计的标准。

为了说明这句话的意义，康德指出，在这种估计或判断过程中，有两种矛盾的心理活动：一方面，人的理性在认识对象中要求见到对象的整体；另一方面，崇高对象的巨大体积却超过想象力（对形象的感性认识功能）所能掌握的极限，想象力不足以达到理性所要求的整体。这种矛盾，正是想象力的这种无能或不适应，终于唤醒人心本有的一种"超感性功能的感觉"（理性观念）。简单地说，感性功能（想象力）不足以见到崇高对象的整体，理性功能就起来支援，就在这对象本身见出无限大，见出它所要求的整体。康德假定理性是人类认识功能的共同基础，所以崇高感虽是个人主观的感觉，却仍是必然的、可普遍传达的。

关于第二种崇高——力量的崇高，康德也把它局限在自然界。他所下的定义是：

> 威力是一种越过巨大阻碍的能力，如果它也能越过本身具有威力的东西的抵抗，它就叫作支配力。在美感判断中如果把自然看作对于我们没有支配力的那种威力，自然就显出力量的崇高。

所以就对象而言，力量崇高的事物一方面须有巨大的威力，另一方面这巨大的威力对我们却不具支配力。就主观心理反应来说，力量的崇高也显出相应的矛盾：一方面，巨大的威力使它可能成为一种"恐惧的对象"；另一方面，它如果真正使我们恐惧，我们就会逃避它，不会对它感到欣喜，而事实上它却使我们欣喜，这是由于它同时在我们心中引起自己有足够的抵抗力而不受它支配的感觉。

这"另一种抵抗力"是什么？它就是人的理性产生的、使自然的威力对人不能成为支配力的那种更大的威力，也就是人的勇气和自我尊严感。

崇高感是一种以痛感为桥梁，而且就是由痛感转化过来的快感。在恐惧与崇敬的对立中，崇敬克服了恐惧，所以崇敬是崇高感的主要环节。在这一点上，康德对伯克的崇高感起于恐惧的说法做出重要的纠正。究竟什么才是崇敬的对象呢？它像是自然对象，而骨子里却是人自己的、能凭理性胜过自然的意识。

黑格尔

黑格尔

黑格尔（G. W. F. Hegel，1770—1831年），德国哲学家，德国古典唯心主义的集大成者，他对存在主义和马克思的历史唯物主义都产生了深远的影响。

黑格尔是一个体大思精的哲学家，就哲学系统而言，他几乎总结了欧洲近代哲学；就哲学史来说，他综合了古代的柏拉图与亚里士多德，在近代又继承了康德、费希特、谢林的德国古典哲学；在哲学门类方面，他也有许多前人未见的创举，如讲授哲学史课程、历史哲学课程等。黑格尔一生中出版的著作只有四本：《精神现象学》《逻辑学》（又称"大逻辑"）、《哲学科学全书纲要》（其中的"逻辑学"称为"小逻辑"）和《法哲学原理》；他的美学思想主要表现在《精神现象学》的"宗教—艺术宗教"部分、《哲学科学全书纲要》"绝对精神—艺术"部分以及《美学》[①]全部。

要三言两语概括黑格尔的哲学体系并不容易，但一言以蔽之，整个黑

[①] 《美学》（演讲录）是他死后，编者根据他当时授课时学生的笔记编辑而成的。

格尔的哲学体系，就是"精神"（Geist）自我认知、化隐为显、由内而外、由具体到普遍、由感性到理性的过程。他的美学也必须放在这个脉络上来看。

黑格尔美学的内容是极丰富的，这里介绍几个比较关键性的观点。

– 美是理念的感性显现

黑格尔的全部美学思想都是从一个中心思想生发出来的——"美就是理念的感性显现"。理念其实是最高的真实，也就是柏拉图的"理型"，这就是艺术的内容。就内容来说，艺术、宗教和哲学都是表现绝对精神或"真实"的；三者的不同只在于表现的形式。艺术表现绝对精神的形式是直接的，它用的是感性事物的具体形象；哲学表现绝对精神的形式是间接的，即从感性事物上升到普遍概念，它用的是抽象思维；至于宗教，则介乎二者之间，它所借以表现绝对精神的，是一种象征性的图像思维（Vorstellung），例如用父子的图像来表现神与基督一体，是用既含有个别形象又含有普遍概念的东西来表现普遍真理。

美的定义中所说的"显现"（Schein）有"外表"的意思，它与真实的"存在"（Sein）是对立的。比方说，画马只取马的"外表"，不是去研究马的真实"存在"。人们常说，艺术寓无限于有限，这种说法其实就是黑格尔"美是理念的感性显现"的说法。黑格尔的定义肯定了艺术要有感性因素，也肯定了艺术要有理性因素；最重要的是，二者必须结成契合无间的统一体。

黑格尔的这种理性与感性统一说，在美学史上是带有启发性的。西方美学从一七五〇年鲍姆嘉通创立"美学"（感性学）这门科学的称号开始，经过康德、施莱格尔、叔本华、尼采以至于柏格森和克罗齐，都由一个一脉相承的中心思想统治着，这就是美只关乎感性的看法。在这个潮流中，黑格尔可以说是中流砥柱，他把理性提升到艺术中的首要地位。他肯定了思想性在艺术中的重要性，但是他同时也反对另一个极端，即艺术的抽象公式化。

其次，理性与感性的统一也就是内容与形式的统一，内容或意蕴就是理性因素，形式就是感性形象。黑格尔说：遇到一件艺术作品，我们首先见到的是它直接呈现给我们的东西，然后再追究它的意蕴或内容。前一个因素——即外在的因素——对于我们之所以有价值，并非由于它所直接呈现的，而是我们假定它里面还有内在的东西——即一种意蕴，一种灌注生气于外在形状的意蕴。那外在形状的用处就在于指引到这意蕴。

这段话可以看成对康德形式主义的批判。依康德的观点，"纯粹的美"只是"直接呈现"的外在因素，即艺术的外在形式。美的东西最好不带意蕴，如果带了意蕴，美就不是"纯粹的"而是"依赖的"。这种学说其实就是"为艺术而艺术"的文艺观的哲学基础。欧洲美学一直是由康德思想中形式主义所统治着。黑格尔是孤立的，尽管他费尽气力阐明理性内容在艺术中的首要地位，但在艺术实践中，他的学说并没有发生太大的影响，感性主义和形式主义一直在泛滥着。

另一点值得注意的是：黑格尔一方面强调内容与形式的一致，另一方面也强调内容的决定性作用：**"形式的缺陷总是起于内容的缺陷……艺术作品的表现越优美，它的内容和思想也就越具有深刻的内在真实。"**

- 艺术美与自然美

许多美学家们批评黑格尔时，大半都责备他忽视自然美。其实黑格尔并没有忽视自然美，在第一卷讨论美的基本原理中，就有一章专讲自然美；而且从"美是理念的感性显现"这个定义来看，黑格尔所了解的艺术必然要有自然为理念的对立面，才能造成统一体（"自然"在他的美学里有各种别名，例如"感性因素""外在实在""外在方面"等）。不过，黑格尔轻视自然美，这确是事实。他说得很明确："**我们可以肯定地说，艺术美高于自然。因为艺术美是由心灵产生和再生的，心灵和它的产品比自然和它的现象高多少，艺术美也就比自然美高多少。**"自然美之所以比艺术美低，一个原因是："**由于理念还只是在直接的感性形式里存在，有生命的自然事物之所以美，既不是为它本身，也不是由它本身为要显现美而创造出来的。自然美只是为其他对象而美，这就是说，为我们、为美感的意识而美。**"换句话说，动物只能使旁人见出它的不完全的美，还不能自觉美，还不能由自己创造美的形象给旁人看。由于自然美有这种缺陷，艺术美才有必要。"**艺术的必要性是由于直接现实有缺陷**"，艺术才是由心灵自觉地把理念显现于感性形象，才真正见出自由与无限。

DAY 3 第三章 美学的发展与演变：近代、现代和后现代美学

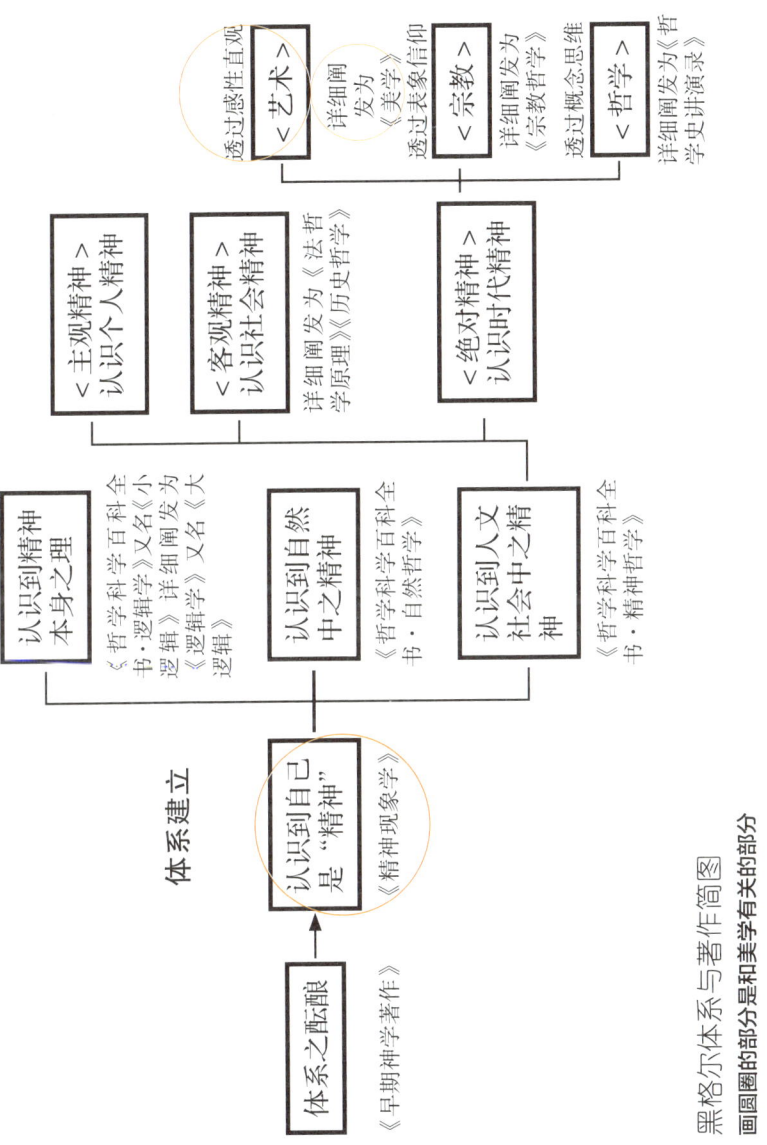

黑格尔体系与著作简图
画圆圈的部分是和美学有关的部分

– 艺术的发展史：艺术类型与艺术门类

黑格尔对于艺术发展史的看法也是由"美是理念的感性显现"这个定义所推演出来的。艺术是普遍理念与个别感性形象（即内容与形式）这两者辩证统一的精神活动。但这种统一只是个理想，事实上，可以统一的程度各有不同，因此艺术就分成三种类型（Kunstform）："象征型""古典型"和"浪漫型"；每个类型之下又分若干部门或种类（如建筑、雕刻、音乐、诗）。在历史发展中的每个阶段，都有它的独特的艺术类型和艺术门类。

最初的类型是**象征型艺术**。在这个阶段，人类心灵力求把它所朦胧认识到的理念表现出来，但还不能找到适合的感性形象，于是就采用符号来象征。符号和它所象征的概念之间有相同之处，否则就不能起象征作用；也有不相同的地方，所以象征艺术都有些暧昧、神祕的性质。**典型的象征型艺术是"建筑"**，如神庙、金字塔之类。

下一个类型或阶段就是**古典型艺术**。到了古典型艺术，人类精神才达到主客体的统一，精神内容和物质形式才达到完满的契合一致。在这种类型的艺术中，认识到感性形象，也就同时很明确地认识到它所显现的理念。**典型的古典型艺术是希腊雕刻**。这种艺术恰恰符合黑格尔对美的定义，所以他把古典艺术看作最完美的艺术。希腊雕刻所表现的神不像埃及、印度的神那样抽象，而是非常具体的：神总是作为人表现出来，因为人首先是从自身身上认识到绝对精神，而同时人体既是精神的住所，也就是精神最适合的表现形式。但是精神是无限的、自由的，而古典型艺术所借以表现神的人体形状毕竟是有限的、不自由的。这个矛盾就导致了古典型艺术的解体。

浪漫型艺术与象征艺术是相反的极端，象征型艺术是物质溢出精神，而浪漫型艺术则是精神溢出物质。就无限精神的伸展来说，浪漫型艺术处于艺术发展的最高阶段，但是就艺术的内容与形式一致来说，古典型艺术终究是最完美的艺术。

典型的浪漫型艺术是近代欧洲的基督教艺术。近代艺术中的冲突主要在于性格本身分裂的冲突，即内心方面的冲突。它所表现的不是古典型艺术那种静穆和悦，而是动作和情感的激动，浪漫的灵魂是一种分裂的灵魂，所以古典型艺术要避免的罪恶、痛苦、丑陋之类的反面事物，在浪漫型艺术中却找到了它们的位置。

浪漫型艺术的主要种类是绘画、音乐和诗歌。绘画比起雕刻所受物质的束缚已较少，因为它只表现平面而不表现立体，但究竟还不能脱离空间的限制。音乐就前进了一步，它不表现空间而只表现时间，就更多地脱离物质的束缚了，但在时间上先后承续的音调究竟还是物质的现象。至于诗——最高的浪漫型艺术——则更前进了一步，它不用事物形体而用语言，语言并不像图画那样直接描绘事物形象，而是起一种符号作用，间接唤起"心眼"中的意象和观念。所以，诗歌所表现的主要是观念性或精神性的东西，物质的因素已削减到最低限度。

总观黑格尔的理论，一言以蔽之：艺术向前发展，物质的因素就逐渐下降，精神的因素就逐渐上升。**象征型艺术是"物质超于精神"，古典型艺术是"物质与精神平衡吻合"，浪漫型艺术则转为"精神超于物质"。**

精神超于物质毕竟是内容与形式的分裂。根据黑格尔的看法，这种分裂不但导致浪漫艺术的解体，而且也会导致艺术本身的解体。到了浪漫型时期，艺术的发展就算达到了高峰，人也不能满足于从感性形象去认识理念，精神就要再进一步脱离物质，要以哲学的概念形式去认识理念。这样，艺术最后就要让位给哲学。

艺术是否从此就要到达发展的止境，宣告灭亡呢？黑格尔的回答是这样：

> 我们尽管可以希望艺术还会蒸蒸日上，日趋完善，但是艺术的形式已不复是心灵的最高需要了，我们尽管觉得希腊神像还很优美，天父、基督和玛利亚在艺术里也表现得很庄严完美，但是这都是徒然的，我们不再屈膝膜拜了。

这就是有名的"艺术终结"论。关于上述内容，我们整理成下页三图。

就美学本身，黑格尔继承康德，而对康德进行了切中要害的批判。康德的形式主义和感性主义在当时美学界是占优势的，黑格尔的全部美学思想

黑格尔对艺术之分析

1. **分类的必然性**
   艺术活动：利用某种形象（形式）将某内容表达在某材料上
   形象—内容—材料

2. **艺术类型与艺术门类的关系**

   艺术门类　　　　艺术类型
   建筑——外在的艺术：象征型艺术
   雕刻——客观的艺术：古典型艺术
   绘画 ⎫
   音乐 ⎬ 主体的艺术：浪漫型艺术
   诗　 ⎭

图 1

艺术类型（阶段）

1. **象征型艺术**
形式暗指内容
2. **古典型艺术**
形式符合内容
3. **浪漫型艺术**
内容溢出形式

方面 类型	内容	形象	形式（形象）对内容	历史阶段
象征型	抽象理念	外在自然现象	形式暗指内容	波斯 印度 埃及
古典型	精神个性	人的形体	形式与内容相符	希腊
浪漫型	无限主体性	平面 音调 观念	内容溢出形式	中世

形象—内容

图 2

艺术类型与艺术门类对照

方面 类型	内容	形象	形式（形象）对内容	门类	材料	历史阶段
象征型	抽象理念	外在自然现象	形式暗指内容	建筑	石头	波斯 印度 埃及
古典型	精神个性	人的形体	形式与内容相符	雕刻	石头 青铜 木材	希腊
浪漫型	无限主体性	平面 音调 观念	内容溢出形式	绘画 音乐 诗	颜色 声音 语言	中世

图 3

就是要驳斥这个部分，强调艺术与人生重大问题的密切联系，和理性的内容对于艺术的重要性（后来的伽达默尔也呼应了这个观点[①]）。美学从康德到黑格尔的发展有了很大的转变。康德只把美感判断当成个别孤立的现象，不曾结合文艺实践；黑格尔却详细讨论艺术的理性内容和发展史，使得美学的天地更加开阔。

黑格尔对美学最重要的贡献，在于把辩证发展的道理应用到美学中，替美学建立了历史观点。他把艺术的发展联系到"一般世界情况"来研究，即联系到人与自然，以及人与社会的关系，联系到经济、政治、伦理、宗教以及一般文化来研究。

现代美学

德国古典美学结束后，欧美各国相继产生新的美学思想和流派，一般称之为现代美学，早从十九世纪中叶或晚从二十世纪开始算起。这些思想和流派以不同的哲学体系为理论基础，也和近代的自然科学有紧密的关联。它们在研究取径上运用了社会学、心理学等方法，在研究对象上逐渐由"美的本质"转向"美感经验"。和以前各时期的美学相比，二十世纪的美学包括：

[①] 见第三章"现代美学"谈到"诠释学美学"的部分。

表现主义美学、自然主义美学、形式主义美学、精神分析美学、分析哲学美学、现象学美学、符号论美学、批判理论美学、结构主义美学和诠释学美学,可以说是百花齐放,令人目不暇接。此处,针对与本书各章关联性较强的几个学说来作简要的介绍①。

直觉表现主义美学:克罗齐

克罗齐

克罗齐(Croce,1866—1952年),意大利哲学家、历史学家,新黑格尔主义的主要代表之一。二十世纪二十年代形成自己的新黑格尔哲学体系。

克罗齐是二十世纪初影响较大的意大利哲学家。在哲学上,他是新黑格尔主义者。他的美学和艺术理论著作有《美学原理》(1902)、《美学纲要》(1944)、《文学批评》(1894)和《诗论》(1936)。将美学定义为研究直觉和表现的科学;他的主要论点有二。

---

① 如果要快速知道这些学派说什么、做什么,本书会以附录的形式,分别从时期与议题两方面,整理出两个表,放在书末,以供读者查阅。

直觉即表现

克罗齐认为直觉是艺术的一种赋形力、创造力和表现力,直觉的过程就是心灵赋物质以形式,使之上升为可供观照的具体形象之过程。直觉就是表现,就是创造,也就是我们今天说的"形象思维"。

艺术即直觉

艺术的本质就是直觉。他从五个否定方面论证了艺术就是直觉的定义:第一,艺术不是物理的事实;第二,艺术不是功利的活动;第三,艺术不是道德的活动;第四,艺术不具有概念知识的特性;第五,艺术不同于自然科学和数学。在上述五个否定之后,他提出了艺术是"抒情的直觉"的定义,可以称之为"唯情论"。在西方美学史上,克罗齐的理论可以说是最系统、最完整的形象思维理论;他的理论后来被科林伍德(R. G. Collingwood, 1889—1943年)继承、发展和修正。

实用主义美学:杜威

约翰·杜威

约翰·杜威(John Dewey,1859—1952年),美国哲学家、教育家,实用主义的集大成者。如果说皮尔士创立了实用主义的方法,詹姆斯建立了实用主义的真理观,那么,杜威则建造了实用主义的理论大厦。

约翰·杜威是美国实用主义的代表人物。实用主义于十九世纪末从美国东海岸开始流行,于二十世纪前半期最为盛行。在实用主义哲学家中,杜威的著作最多,思想最丰富,影响也最深远,是一位集大成的宗师;我们将在第四章中详述。

符号学美学:卡西勒

符号学(或记号学)广义上是指研究符号意义的人文学科,但由于涵盖的范围过于广泛,所以一开始并未获得重视,直至二十世纪下半期结构主义(以列维-斯特劳斯为代表)兴起,才发挥影响力。不过,现代符号学的

卡西勒

卡西勒(Ernest Cassirer,1874—1945年),德国哲学家。新康德主义马堡学派的重要代表。卡西勒继承并发展了马堡学派的新康德主义,把康德的先验原则的应用范围推广到语言、宗教、神话、艺术和科学等各个领域,并试图通过对各种符号形式的抽象分析来说明自己的观点。

真正源头是瑞士语言学家索绪尔，他的《普通语言学教程》（1916），将符号分成"能指"（Signifier）和"所指"（Signified），确立了符号学的基本理论，影响了后来列维-斯特劳斯和罗兰·巴特的结构主义，被誉为现代符号学之父。然而，符号学本身是以文化研究为主轴，只有少数学者建构出美学理论，把美感和艺术现象归结为文化符号，其中最重要的人物就是卡西勒。

卡西勒并没有专门的美学著作，他的美学理论散见在其文化哲学（含神话研究）的著作里。依卡西勒的看法，人可被定义为会创造与使用符号的动物，想要了解人以及人的文化，只有通过神话、宗教、语言、艺术、科学、历史等符号形式的研究才有可能；艺术是人类文化的符号形式之一，它和其他的符号形式（如科学）最大的不同，就在于艺术具有直观形象的感性形式。艺术就是一种构造形式的活动，一方面构造生命，一方面构造生活和自然的形式。所以，在艺术作品中，我们可以看到生命，也可以看到整个世界。

可惜的是，卡西勒没有建立起完整的美学理论就去世了，继承他的思想并完成符号论美学系统的是苏珊·朗格，我们将在后现代美学的部分介绍她。

结构主义美学：列维－斯特劳斯

结构主义（Structuralism）是一种文化、哲学思潮，出现于二十世纪四十至五十年代，六十年代达到极盛，七十年代起逐渐衰落。它并不是个统一的学派，它的核心思想认为，一切事物必须处在一定的整体系统结构之中，才具有意义，并且把结构分析视为观察、研究和分析事物的基本方法，力图发现事物背后的结构模式；将这种方法应用在美学上，就成了结构主义美学理论。前期的代表人物是列维－斯特劳斯；后期代表人物则是罗兰·巴特（Roland Barthes, 1915—1980 年）。本节要介绍的是列维-斯特劳斯的结构主义美学，至于罗兰·巴特将于下节"后现代"的部分介绍。

克劳德·列维-斯特劳斯

克劳德·列维-斯特劳斯（Claude Lévi-Strauss，1908—2009年），著名的法国人类学家，他所建构的结构主义与神话学不但深深影响人类学，对社会学、哲学、语言学等学科也有深远的影响。

克劳德·列维-斯特劳斯的主要贡献在神话研究领域，他把神话当成一个客观整体的系统，从外层至里层进行结构分析；他也打破了以往神话研究的地域限制，力图发现全世界神话的普遍结构。他的美学理论延伸自他的神话研究，他把艺术放在科学和神话的关系中来讨论，认为艺术是处在科学概念和神话（或巫术）符号两者之间的东西，是这两者的综合：一方面有概念的特点，另一方面又具有形象的特点。而艺术和神话的不同之处在于，神话是通过结构去创造事件，艺术却是透过事件去揭示结构。这是就艺术创造来说。而就艺术欣赏来说，欣赏者经历了和创作者同样的过程：这个过程包含"满足智欲"和"引起美感"两个部分，前者是通过艺术作品所呈现的事件去发现结构，而后者则是欣赏者心中所形成的结构与事件的统一。

现象学美学：英伽登和杜夫海纳

现象学美学[①]是以现象学的理论和方法作为哲学基础的一个美学流派，其中最有成就的是英伽登和杜夫海纳。

现象学兴起于二十世纪初的德国，创始人是胡塞尔（Edmund Husserl, 1859—1938年），他本人并未建立一套美学理论，不过他的现象学方法和理论却被应用到美学上，而成为现象学美学。现象学最重要的口号就是"回到事物本身"；这里的事物，指的不是客观事物，而是呈现在人们意识中的事物，也就是"现象"。因此，回到事物本身指的就是回到意识领域。要回到事物本身，就要丢开通常的思维方式，采取"现象学的还原"，把我们通常的判断"悬置"起来，放入括号，存而不论。通过这种"现象学还原"就可以直接感觉到纯意识的本质或原型（他称之为"本质直观"），最后发现意识有一种基本结构：意向性，即意识总是指向某个对象；世界离不开人的意识，如果离开了，就没有价值和意义。胡塞尔的现象学对美学有重大的影响，对海德格尔、沙特、梅洛-庞蒂、伽达默尔等存在主义者、现象学家和诠释学家都产生了巨大的影响。

英伽登的现象学美学

英伽登是波兰哲学家，早年入华沙大学哲学系，后来留学德国，曾受教于胡塞尔。获得博士学位后回波兰任教，主要著作有《论文学作品》《对文学的艺术作品的认识》《艺术作品的来源》《体验、艺术作品和价值》等。他努力探究美感对象的结构，分析美感作用和美感对象之间的价值关系。他在《论文学作品》一书中提出，文学作品是多层次的，由四个异质的层次构成：一、语音层；二、语义层；三、图式化的观相层；四、再现的客体层。这四个层次既具有各自独立的美感价值，又是有机的统一体，形成作品的整体价值。

---

① 主要的代表人物有康拉德（Hedwig Conrad-Martius, 1888—1966年）、盖格（M. Geiger, 1880—1937/1938年）、英伽登、杜夫海纳（Mikel Dufrenne, 1910—1995年）等人。

英伽登

英伽登（Roman Ingarden，1893—1970年），波兰著名的哲学家。英伽登认为作品是一种独特的存在和纯意向性的客体。他认为审美经验是发生在欣赏者欣赏或阅读的过程中，人们观照审美对象后让审美经验产生"预备情绪"，这样才形成审美对象。英伽登的美学是系统论的科学方法，他突出欣赏者能够能动地参与艺术作品的创造，并对解释美学和接受美学产生重要的影响。

语音层是指作品的字、词、句、段、章，显示出一定的组织结构和一定的音韵效果，并因此形成一定的节奏、旋律。英伽登认为，人们不是先理解词语声音再理解词语意义，两种理解是同时发生的。在理解词语声音时，人们就理解了词语的意义，而这就是第二层：语意层。就语意层来说，字词的意义并不完全由该字词孤立的意义而定的，而是由其整体或单位决定的，整体或单位不同，意义也随之改变，我们可以称之为意义单位。正是这一个个意义单位，构成了英伽登的第三层：图式化的观相层。"观相"就是客体向主体显示的方式，观相所组成的层次，只是骨架式的或图式化的，其中充满了许多未定点，有待读者们用想象去联结和填充，从而使文学客体丰满化和具体化。第四层是再现的客体层：再现客体是文学作品中虚构的对象，并不是客体本身；这些虚构的对象组成了一个想象的世界。

杜夫海纳的美感经验现象学

杜夫海纳

杜夫海纳（Mikel Dufrenne,1910—1995年），法国美学家，现象学美学的主要代表之一。毕业于巴黎高等师范学校，曾任普瓦提埃、巴黎等大学教授。后为法国《美学评论》杂志社社长。他的基本美学思想是肯定审美感知是人与大自然创造力的独一无二的接触。在这种接触过程中，大自然就像"人的母亲"那样敞开自己的胸怀。这使得自然的物质成分丧失实用意义或认识意义。

杜夫海纳是法国美学家，现象学美学的主要代表人物之一。他将英伽登的现象学美学经验主义化，把研究重点由创作主体的"意向性"转向鉴赏主体的"美感经验"，以美感对象和美感知觉作为研究的中心。认为美感对象和美感知觉是不可分的,只有艺术作品与美感知觉结合,才会出现美感对象。

杜夫海纳的主要著作有《审美经验现象学》(1953)、《诗学》(1963)、《为了人类》(1968)、《美学与哲学》(2卷,1967—1976)等。其中最有系统地反映其现象学美学的思想的,为《审美经验现象学》一书。此书的主要内容是描述艺术所引起的美感经验,可分为五大部分:一、美感经验与美感对象;二、美感对象的现象学;三、艺术作品的分析;四、美觉知觉的现象学;五、美感经验批判。杜夫海纳最突出的贡献,在于把分析美感经验当作自己的首要任务,并提出了一系列富有独创性的见解,在现代西方美学中产生了广泛的影响,具有典型意义。

诠释学美学:伽达默尔

"诠释学"(Hermeneutics)一词源于希腊神话中的"赫尔墨斯"(Hermes),赫尔墨斯负责传递神的信息,是人神之间的沟通者。诠释学的前身,在中世纪是作为"解经学"而出现的。近现代诠释学的重要人物有:施莱尔马赫、狄尔泰、海德格尔、伽达默尔、吕格尔。他们未必都有发展美学理论,其中与美学问题最相关者,当属伽达默尔。以下介绍他的诠释学美学。

哲学诠释学与美学的关联

伽达默尔哲学诠释学所要解决的根本问题是真理问题。在他《真理与方法》的"导言"中,就讲到诠释学从来就不是一个方法问题,"理解"的现象渗透到人类世界的一切方面,不能把它归结为某种科学方法。该书的出发点就是要在现代科学的范围内抵制科学方法的万能要求,寻求立于科学方法之外的经验方式。在哲学、艺术、历史、语言等非科学的领域里也存在着真理,他的诠释学就是要探讨这些不能用科学方法加以证实的经验方式。

伽达默尔

汉斯-格奥尔格·伽达默尔（Hans-Georg Gadamer，1900—2002年），德国哲学家，曾在大学攻读文学、语言、艺术史、哲学等专业，1922年获博士学位。1929年后在马堡大学、莱比锡大学、法兰克福大学和海德堡大学任教。自1940年起，伽达默尔曾先后任德国哲学总会主席、国际黑格尔协会主席。代表作有《真理与方法》。

艺术经验中的真理问题

在《真理与方法》中，伽达默尔从一开始就分别研究了艺术经验、历史经验和语言领域中的真理；其中关于艺术经验真理的探索，就是美学，这构成了他的哲学诠释学中一个极其重要的组成部分。他认为，"美学必须在诠释学中出现"，"诠释学在内容上尤其适用于美学"。

伽达默尔对于传统的美学理论进行批判，康德是被检视的对象。他认为康德的贡献在于：在美学上首创了美感意识的自主性；其缺陷则在于，康德把美看成纯主观，把艺术看作与概念、知识相对立的，这就导致了彻底的主体（观）化，导致了艺术与真理的隔离，完全排除了真理问题。伽达默尔认为艺术也是一种认识，艺术中也有真理，而且是科学所无法企及的真理。

因为，依据海德格尔的美学，艺术显现的是存在者的真理①，艺术的真理具有存有学②的意义。

艺术作品存有学：游戏说

在批判康德美学、发扬海德格尔美学的基础上，伽达默尔提出了自己的艺术作品存有学：游戏说。这个理论是在《真理与方法》中，通过对"游戏""创造物"和"美感的时间性"所进行的现象学分析来说明的。

1. 伽达默尔首先分析了"游戏"这个在美学中具有重大意义的概念。和前人不同的是，他不把游戏看成主体的一种行为、创造或欣赏心态等（如康德、席勒），而是把它看成艺术作品本身的存在方式，因此游戏就是艺术或艺术作品，对游戏的分析，也就是对艺术或艺术作品的分析。一般人都认为游戏者才是游戏的主体，游戏是通过游戏者才得到表现的。但对伽达默尔来说，游戏本身才是真正的主体，它独立于游戏者的意识；它总是一种来回重复的运动，具有"自我同一性"，它无目的又含目的③，具有"无目的的理性"这一极为重要的特质，游戏最终只是"游戏运动的自我表现而已"。

再者，"游戏始终要求与人同戏"，也就是说，游戏者要求观看者的参与，观看者不只是观众，他也是游戏的一部分。因此，"游戏也是一种沟通的活动"。通过对游戏的分析，伽达默尔肯定了艺术的独立自主性、自我表现性和沟通行动。他指出把艺术作品和欣赏者隔绝，是错误的，现代艺术的特征之一，就在于打破艺术与观众之间的距离。

2. 伽达默尔进一步把游戏理解为创造物。作为创造物，游戏（艺术作品）有了独立而超然的特征，它是从游戏者（艺术家）的行为分离出来的，这时它面对的是"观照者"规定的，所以游戏者（艺术家）消失了。不仅如此，

---

① 用海德格尔自己的话来说，就是：艺术的本质就是"存有者的真理自行置入作品"（The truth of beings setting itself to work）。
② 或译"本体论"。
③ 玩游戏时是没有任何目的的，这是"无目的"；或者说，玩游戏本身就是目的，这就是"含目的"。

艺术作品还为我们创造一个非现实的世界,"创造物是在自身中封闭的另一个世界",它有自身的尺度,不能用模仿的真实性来衡量;它超越了现实的真实性,比现实更真实,这是一种可能的、期望的、未被确定的真实。同时,创造物还意味着观念性,是一个"意义的整体",可以被反复表现,反复理解。艺术的意义即艺术经验中的真理,它不同于科学的真理或命题的真理;艺术在本质上是象征的,所谓创造物就是象征物。

3. 伽达默尔还以节日为例,分析了艺术作品的时间性。节日是什么?节日就是庆祝,它"是在演变和复现中获得其存在的"。同时,节日庆典又是为观赏者存在,由观者的认同和参与规定的。艺术作品和节庆时间一样,它在历史长河中,不论经过怎样的变迁,流传下来的总是立于现在之列,与现在之物并行,它也是在反复的认同和参与中才存在的。通过对艺术作品时间性的分析,伽达默尔强调艺术作品是在观照者的认同和参与下不断生成的,对艺术作品的感受和领悟永远是独特新颖的。因此,艺术的现在性或同时性,是艺术具有永久价值和魅力的基础。

贡献与影响

伽达默尔的美学是现代西方美学最主要的成就之一,是对美学史的重大贡献,他的美学特点就是强调美感理解的历史性:人类的艺术作品和美感活动,归根结底是人类一种历史性的诠释活动和沟通行动,其价值和意义不在于模仿现实,也不在于表现主体情感,而在于不断地揭示存有的真理。伽达默尔的影响是巨大的,二十世纪六十年代后半期,德国兴起的以姚斯(Hans Robert Jauss, 1921—1997年)和伊瑟尔(Wolfgang Iser, 1926—2007年)为代表的"接受美学"、美国的"读者反应批评"等流派,都直接受到了伽达默尔美学的影响。

后现代美学

后现代美学从二十世纪六十年代至八十年代经历了一个剧烈的变动,

是西方美学发展的一次重大反拨,具体表现在如下几方面[①]:一、从结构到解构;二、从作者、文本到读者、接受;三、从系统美学至反系统美学。透过这些方面,我们把苏珊·朗格、解构主义(后结构主义)、社会批判理论(特别是后期的思想家)放在"后现代"这个部分来论述。

苏珊·朗格的符号论美学

苏珊·朗格

苏珊·朗格(Susanne K.Langer, 1895—1985年),德裔美国人,著名哲学家、符号论美学代表人物之一,先后在美国哥伦比亚大学、纽约大学等校

[①] 参见朱立元主编,《现代西方美学史》,上海:上海文艺出版社,1993。当然,也有论者(丹托)认为"现代"与"后现代"(或"当代")之区别,一直要到二十世纪七十至八十年代才真正明朗,但两者的区别与其说是"时间"的区别,还不如说是"风格"的区别。参见[美]丹托著,王春辰译,《艺术的终结之后》,南京:江苏人民出版社,2007。关于"现代"与"后现代"美学的区分,本书是以"风格"为主、"时间"为辅来作为区分的标准,所以我们把结构主义放在现代美学的部分,而把解构主义(后结构主义)、诠释学美学、社会批评理论放在后现代美学来论述。

任教，主要著作有《哲学新解》《情感与形式》《艺术问题》等。

苏珊·朗格，是美国符号论美学家，也是西方极少数有名的女哲学家之一，师从卡西勒，并将其符号论美学系统发展完善。她的美学要点有二。

艺术是人类情感符号的创造

她认为，艺术就是将人类情感呈现出来供人观赏、把人类情感转变为可见可听的形式的一种符号手段；我们可称之为"表现符号体系"，以区别于语言的"逻辑符号体系"。她给艺术下的定义是：艺术是人类情感符号的创造；艺术符号具有表现情感的功能，表现性是一切艺术的共同特征，只不过艺术表现的不是个人的情感，而是人类的普遍情感。

艺术幻象说

苏珊·朗格认为艺术的创造不同于物质产品的制造，因为艺术是借着想象力和情感符号创造出现实世界所没有的、新的"有意义的形式"来表达情感；也就是说，艺术是在创造各种"幻象"：绘画、雕塑、建筑等造型艺术造出的幻象是"虚拟空间"，音乐艺术则是"虚拟时间"，舞蹈艺术是"虚拟的力"，而文学艺术则是"虚拟的经验和历史"。这种分析其实就是通过"基本幻象"来为艺术分类。

后结构主义（解构主义）：罗兰·巴特

罗兰·巴特是法国的文学批评家和社会学家，是结构主义的代表人之一，也是后结构主义（解构主义）[①]的创始人之一。罗兰·巴特的美学思想复杂多变，大致可分为两个时期，以他的名著《S/Z》(1970)的发表为分界点。

---

① 后结构主义（post-structuralism）或解构主义（deconstructivism）最早出现于二十世纪六十年代，原为结构主义的罗兰·巴特、傅科（Michel Foucault, 1926—1984年）、拉康（Jacques Lacan, 1901—1981年）后来都转向了后结构主义，而德希达（Jacques Derrida, 1930—2004年）更是其中的代表人物。

前期为其结构主义的成熟期,后期则是他转向后结构主义(解构主义)的时期。本节只将焦点集中在他的后结构主义美学之上。

罗兰·巴特

罗兰·巴特(Roland Barthes,1915—1980年),法国当代文学理论家与评论家,思想界的领袖人物。他将结构主义广泛应用于文学、文化现象以及一般性事物的研究之中,提出写作方面的零度概念,并以此来反对萨特强调的关于文学干预时事的观点。罗兰·巴特认为文学在本质上为一个符号系统,并且归纳出文本的三个层次。罗兰·巴特的主要著作有《神话》《写作的零度》等。

罗兰·巴特的后结构主义美学主要表现在文学批评的理论上。在他的《S/Z》中,他特别强调读者对于文本的作用;他将文本分为"阅读性文本"和"创造性文本"两种。阅读性文本是静态的、"能指"和"所指"的意义关系是固定的,读者对于文本的关系是被动的,要么接受要么拒绝。而创造性文本是动态的,"能指"和"所指"的意义关系是无限扩张的,读者对于文本的关系是主动的;现代派的作品就是开放性的文本,这才是真正的文本,古典作品则是阅读性文本,是过时的、僵死的。很重要的一点是,创造性文本并不是作者创造的,因为文本一旦形成,作者就没有太大的作用了,所以他说过"作者已死"这句名言;实际上,文本通过读者的阅读,才会不断地产生新的意义,所以是读者对创造性文本起决定性的作用。

社会批判理论美学:马尔库塞、本雅明、阿多诺

一九二三年德国美茵河畔的法兰克福大学,成立了一个社会研究所,由霍克海默(Max Horkheimer, 1895—1973年)担任所长,"法兰克福学派"开始形成。这个学派基本上是从马克思主义的立场出发,来解释社会生活的每个方面,形成了一套理论,统称为"社会批判理论"。法兰克福学派的美学理论则是"社会批判理论美学",这个美学流派的代表人物有马尔库塞、本雅明和阿多诺。

马尔库塞的美学理论

马尔库塞

赫伯特·马尔库塞(Herbert Marcuse, 1898—1979年),德国裔美籍哲学家、社会学家和政治理论家,法兰克福学派的一员。他主要研究资本主义和科学技术对人的异化,代表作有《理性与革命》。

马尔库塞的美学要点可概括为如下数点。

– 美感与艺术是对现实的超越

他从弗洛伊德理论出发,将当代文明看成由"压抑的理性"所统治的、丧失自由的异化社会。人欲获得自由,必须先摆脱理性的压抑并废除理性统治所造成的异化,这可以透过人类的两种心理功能来达成:幻想与想象。而这两种心理功能集中表现在美感和艺术活动之中。所以美感和艺术就是对现实的超越、否定和"大拒绝",可以让人达到自由、摆脱压抑。

– 美感形式理论

马尔库塞指出,艺术和人类其他活动的区别,不在于内容,也不在纯形式,而是在于"美感形式"。他认为艺术作品并非内容与形式的机械式统一,也不是一方压倒另一方,而是内容向形式的生成、内容变成形式。这种生成的形式便是美感形式;它是对现实社会的超越与升华,能创造出不同于既成世界的新世界,使人解放。

– 建立新感性

他的"新感性"是与"旧感性"相对的。所谓的旧感性是一种受理性压抑的感性,是一种失去自由的感性。新感性是从美感与艺术中造就出来的,能给人新的语言、新的生成方式,达到新秩序并建立新世界。

本雅明的美学理论

本雅明美学的主要著作是《机械复制时代的艺术作品》(*Das Kunstwerk in Zeitalter seiner technischen Reproduzierbarkeit*),成书于一九三五年,于其死后的一九六三年发表。该书是对现代工业社会中出现的一系列新艺术现象进行的描述和分析,集中体现在两个方面:一、描述了现代工业社会的艺术所发生的一系列替变;二、对现代工业社会中心崛起的电影艺术进行分析,揭示电影艺术的独特意义[1]。

---

① 关于本雅明,来源如下:刘慧妹,《本雅明:机械复制时代的艺术作品》,收于朱立元主编,《西方美学名著提要》,南昌:江西人民出版社,2000。

本雅明

瓦尔特·本雅明（Walter Benjamin，1892—1940年），犹太人学者。出版有《发达资本主义时代的抒情诗人》和《单向街》等作品。有人称之为"欧洲最后一位文人"。

- 艺术在现代工业中的一些替变

本雅明认为现代复制技术的水平不仅能复制一切艺术品，而且它还在艺术处理的方式中占有一席之地，使人类的艺术活动在现代工业中产生了一些替变：有韵味的①艺术转变为机械复制的艺术，由艺术的膜拜价值转向展示价值，由美感的艺术转变成后美感的艺术，由对艺术的凝神专注转变为消遣性接受。艺术膜拜——凝神专注与展示——消遣性接受这两种方式的不同在于：膜拜价值、凝神专注让人沉湎在作品之中，而展示价值、消遣性接受则让人超然于艺术品之上；前者被作品吸收，而后者吸收作品；

---

① "韵味"（Aura，或译"灵光"），指的是传统艺术作品的"即时即地性"、独一无二性，就好比作品本身特有的一圈"神韵"或"灵光"；现代机械复制出来的艺术作品则失去这种独一无二性或韵味。

前者唤起"移情"作用,达到"净化"目的,后者(以电影为例)则打破观众视听过程的整体感,引起惊颤的心理效应,达到"激励民众"的政治功能。

- 电影艺术的崛起

本雅明所谓的"机械复制时代的艺术作品"指的就是"电影"。他通过与戏剧和绘画的比较来讨论电影。

首先,就电影和戏剧的差异来说:由于戏剧演员直接面对观众表演,而电影演员则面对一些机器来表演,这会产生如下的不同:一、由于不是直接面对观众来表演,所以电影演员无法立即根据现场观众的反应来调整自己的表演方式而激起共鸣;二、电影演员的表演很少由他本人直接操控,而是由一系列机械所决定;三、电影演员的表演彻底是为了商业生产;四、戏剧演员的表演是完整的,他直接进入角色的情绪,相反地,电影演员必须按照分镜表来进行,他的表演是被分割的。

其次,就电影和绘画的不同来说,有如下三点:一、首先画家和对象保持距离,电影摄影师则深入对象,分解成诸多部分,再重新组合;二、绘画的画面只有单一视角,而电影的画面则要能转换诸多视角,而且画面也更细微和精确;三、绘画基本上是由个人观赏,而电影则是被群体观赏。

通过和戏剧、绘画的比较,本雅明指出电影艺术的独特意义:一、电影透过机械技术,编造了异样丰富的空间,展现日常生活意想不到的东西,这是其他艺术所无法比拟的;二、电影透过机械技术对现实进行分割和组合,展现了现实中非机械的方面,在程度和效果上,这也是其他艺术无法比拟的;三、电影是人类艺术的一次革命,首次将摄影中的科学价值和艺术价值结合起来。

总而言之,本雅明认为艺术的复制技术,从手工到机械的发展,是"从量变到质变"的一个飞跃,它引起了人类对于美感制造、鉴赏、接受等方式和态度的根本转变。

阿多诺的美学理论

阿多诺

西奥多·阿多诺（Theodor Wiesengrund Adorno，1903—1969年），德国社会学家、哲学家、音乐理论家。他是法兰克福学派的成员之一。代表作有《启蒙的辩证法》（与霍克海默合著）、《否定的辩证法》等。

阿多诺的主要美学著作有《新音乐哲学》《否定的辩证法》《音乐社会学导论》《美学理论》，他的美学理论要点如下。

- 艺术和反艺术

阿多诺认为艺术有双重性：离异与否定。首先，艺术是不同于现实的东西，它是"异样之物"（Das Andere），因此，艺术不能用是否正确反映现实来衡量，这就是说艺术有自主性，是对既定现实的离异；其次，从艺术对社会的功能来看，艺术又具有否定性，是一种否定的力量，是与现实进行斗争的实践方式。

阿多诺还提出了"反艺术"这个概念：他认为现代艺术已不同于传统艺术，艺术的黄金时代随着现代社会的人性异化而荡然无存。"反艺术"是对现代资本主义社会异化现实的抗争；"反艺术"也拒斥消费性的艺术——

这是"文化工业"[①]的产物,它已丧失了艺术的美学原则,不能给人美的享受,只会加深异化现实对人的奴役。

- 音乐美学

音乐美学是阿多诺美学的重要部分。他提出了音乐和社会的整体性原则,认为音乐和社会是相互制约的整体;音乐的存在和演变是由社会现实决定的,反过来又对社会现实起拯救的作用。他认为音乐的经验,不单只是音乐的,而且还是社会的。传统音乐的失势是由于观众反应的退化,这是现代工业社会的音乐消费实践所造成的。现代的音乐之所以能受到观众的欢迎,是因为它具有新的表现方式和美感特征。因此,虽然社会异化了,使人失望,但现代音乐通过否定的力量,能够间接挽回人们在现实中失去的希望,达到拯救绝望的作用。

---

① 请注意阿多诺所说的"文化工业"(Kulturindustrie),它的英文翻译是"Culture indrustry"而不是"Cultural industries"——这是目前方兴未艾的"文化产业"(Cultural industries)或"文化创意产业"(Cultural and creative industries)的用法。阿多诺所说的"文化工业",会加深人的异化;而"文化产业"或"文化创意产业"则是要通过新的形式的创造来延续并行销文化。两者形似,而实质不同,参见苏文菁,《文化创意产业:理论与实务》,北京:社会科学文献出版社,2020。

延伸阅读

伽达默尔著,洪汉鼎译,《真理与方法》第一卷,北京:商务印书馆,2010。本篇章所谈的"游戏理论"是不是蛮有启发性的?那就读一下原著吧!

推荐影片

《午夜巴黎》(*Midnight in Paris*, 2011),这是由伍迪·艾伦(Woody Allen)编剧并执导的一部以法国巴黎为背景的浪漫喜剧和奇幻电影。影片表现的主题是怀旧情绪、现代主义和存在主义。主角穿越时空,在一场名流派对中,遇到了不同时代不同流派的文人和艺术家,他不仅与海明威、菲茨杰拉德夫妇、达利、布努埃尔等人畅聊,更与毕加索情人阿德里亚娜共生情愫,在一次次的穿越中,他越来越沉醉在巴黎这座城市中……《午夜巴黎》可以说是一部近现代文艺史的参考影片。

3分钟重点回顾

1. 笛卡尔的思想基调是理性主义，而这对于新古典主义的文艺实践和理论产生了广泛而深刻的影响。

2. 新古典主义的立法者和代言人是布瓦洛，他说："让自然做你唯一的研究对象。"

3. 休谟是英国经验主义的集大成者。他的目的就是要把"哲学的精密性"带到美学领域里来。

4. 戈特舍德的哲学出发点是笛卡尔加上德国哲学家莱布尼茨和沃尔夫的理性主义，认为文艺基本上是理智方面的事，只要根据理性，掌握了一套规则，就可以如法炮制。

5. 莱布尼茨是德国理性主义哲学家们的领袖。他认为人生来就有些先天的且先于经验的理性认识。他把"连续性"原则应用到人的意识，认为"明晰的认识"是认识的最高阶段，下面有不同程度的"朦胧的认识"。

6. 沃尔夫替美所下的定义是："一种适宜于产生快感的性质，或是一种显而易见的完善。"又说，"美在于一件事物的完善，只要那件事物易于凭它的完善来引起我们的快感。"

7. 鲍姆嘉通在一七三五年发表的《诗的哲学默想录》首次提出建立美学的建议。从此，美学作为一门新的独立的科学就诞生了。

8. 康德把美感判断分为"美的分析"和"崇高的分析"。"美的分析"中所得到的关于纯粹美的结论基本上是形式主义的；而在"崇高的分析"中，他不但承认崇高对象一般是"无形式的"，而且特别强调崇高感的道德性质和理性基础，这就是放弃了"美的分析"中的形式主义。

9. 整个黑格尔的哲学体系，就是"精神"（Geist）自我认知、化隐为显、由内而外、由具体而普遍、由感性到理性的过程。他的美学也必须放在这个脉络来看。

10. 克罗齐认为直觉是艺术的一种赋形力、创造力和表现力，直觉的过程就是心灵赋物质以形式，使之上升为可供观照的具体形象之过程。

11. 卡西勒认为，人可被定义为会创造与使用符号的动物，如想了解人以及人的文化，只有通过神话、宗教、语言、艺术、科学、历史等符号形式的研究才有可能。

12. 克劳德·列维－斯特劳斯的主要贡献在于神话研究，他把神话当成一个客观整体的系统，从外层至里层进行结构分析；打破以往神话研究的地域限制，力图发现全世界神话的普遍结构。

13. 现象学的创始人是胡塞尔。现象学最重要的口号就是"回到事物本身"；这里的事物指的不是客观事物，而是呈现在人们意识中的事物，也就是"现象"。因此，回到事物本身指的就是回到意识领域。

14. 英伽登认为，文学作品是多层次的，由四个异质的层次构成：语音层、语义层、图式化的观相层、再现的客体层。这四个层次既具有各自独立的美感价值，又是有机的统一体，形成作品的整体价值。

15. 杜夫海纳把研究重点由创作主体的"意向性"转向鉴赏主体的"美感经验"，以美感对象和美感知觉作为研究的中心。

16. 伽达默尔的美学特点就是强调美感理解的历史性：人类的艺术作品和美感活动，归根到底是人类的一种历史性的诠释活动和沟通行动，其价值和意义在于不断地揭示存有的真理。

17. 苏珊·朗格给艺术下的定义是：艺术是人类情感符号的创造；艺术符号具有表现情感的功能，表现性是一切艺术的共同特征，只不过艺术表现的是人类的普遍情感。

18. 罗兰·巴特说过"作者已死"这句名言。文本通过读者的阅读，才不断地产生新的意义，所以是读者对"创造性文本"起决定性的作用。

19. 马尔库塞指出，艺术和人类其他活动的区别，不在于内容，也不在于形式，而是在于"美感形式"。

20. 本雅明认为艺术的复制技术，从手工到机械的发展，是"从量变到质变"的一个飞跃,它引起了人类对于美感制造、鉴赏、接受等方式和态度的根本转变。

21. 阿多诺提出了"反艺术"这个概念:他认为现代艺术已不同于传统艺术,艺术的黄金时代随着现代社会的人性异化而荡然无存。

Day 3
美学大师语录

伺奉缪斯者，理当爱美。——柏拉图

美是比任何语言都有力的推荐信。——亚里士多德

美是一种具有神性的东西，所以才有强烈的魅力。——奥古斯丁

家里如果空荡荡的，那就不会美。事物之所以美，是由于神住在它里面。——托马斯·阿奎纳

美之属于视觉，胜过属于听觉。——费奇诺

美颇有些像从泉中汲出来最纯净的水，它越是无味，越是有益于健康，因为这意味着它排除了任何杂质。——温克尔曼

我们可以给理想的美下一个定义：它是挑选和隐藏的艺术。——夏多布里昂

十全十美是上天的尺度，而要达到十全十美的这种愿望，则是人类的尺度。——歌德

领悟音乐的人，能从一切世俗的烦恼中超脱出来。——贝多芬

美如果不是充分完满的存在，又是什么呢？——谢林

意志通过单纯空间性现象的客观化就是美。——叔本华

史实故事有如一面镜子，把原来是美的东西给歪曲和模糊了；诗也是一面镜子，它把被歪曲的对象化为美。——雪莱

美只有一种典型，丑却千变万化。——雨果

一切美的事物只能包括在活生生的现实里。——别林斯基

美是生活，丑就是生活的例化所呈现的东西。——车尔尼雪夫斯基

我们越是醉心于"美"，我们就和"善"离得越远。——托尔斯泰

艺术家能够发现外形下透露出的内在真理，而这个真理就是美本身。——罗丹

美使我们与世界合成一体，崇高使我们凌驾于世界之上。——桑塔耶

拿

我的目光始终注视着希腊的两位艺术之神：日神和酒神……日神是美化个体化原理的守护者，唯有通过它才能获得解脱；相反，在酒神神秘的欢呼下，个体化的魅力烟消云散，通向存在之母、万物核心的道路敞开了。
——尼采

美，最广义的审美价值，没距离的间隔就不能成立。——布洛

没有东西比丑更美。——波林

美的最高理想要在实在与形式的尽量完美的结合与平衡里才可找到。
——席勒

艺术就是反抗。——马尔库塞

DAY 4
第四章　美感经验与形式

　　美感活动的全体：主体、经验和对象三者缺一不可。问题在于，美感经验之主要贡献者（具有主动者），是主体还是对象？是主体的美感态度对美感经验起决定作用，还是客体的美感对象的某些性质起决定作用呢？

美感经验与形式：
美在哪里？什么样的东西才是美的？

谁对美感有贡献：美感态度、美感对象与美感经验

从"美"到"美感经验"

近代以来，西方美学研究的基本转向之一，是由探讨"美是什么"（存有学①的问题）逐渐转向探讨"人如何感受美"（美感经验的问题）。这种转向，其实比较符合"美学"（Aesthetica）一词的原始含义："感性学"。转向的原因或许是对于"美的讨论"（以及"大理"的讨论）遇到了如下三者的反对：英国经验主义、对美感的心理学研究，以及德国艺术家所采取的浪漫主义。前两者对美感经验的主观性进行反省，而后者反对"美"的主流学说——"伟大理论"中的"理性主义"元素②，这些都促成由美的本体论问题转向美感经验的研究。

美感经验的整体

美感活动的全体，涉及主观面（美感主体的美感态度）、客观面（美感

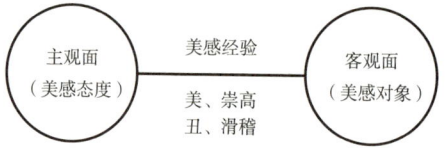

图 1

---

① 本体论（Ontology），是形而上学的一部分，研究主题为"是，存在"（Being）。
② 参见刘文潭译，《西方六大美学观念史》，上海：上海译文出版社，2006。

对象），以及联结二者的美感经验，如图 1 所示。

这个美感活动的全体：主体、经验和对象三者缺一不可。问题在于，美感经验之主要贡献者（具有主动者），是主体还是对象？是主体的美感态度对美感经验起了决定作用，还是客体的美感对象的某些性质起决定作用呢？

举例来说：雨后的山形，我觉得很美，这是"美感的经验"；但为什么会有这样的美感经验，是由于"山形本来就美"，还是因为"我有感受美的心"？认为"山形之美"起了决定的作用，是客观派的看法。认为"山之美"是取决于能欣赏的人，人的美感能力才是关键，这是主观派的看法。当然，主观派和客观派只是粗略的区分，实际上，各家学说的差异是非常复杂的，但通过这个粗分，对美感经验进行初步的理解，基本上还是可行的。

理论派别：主观派、客观派、互动派

基于以上介绍，我们知道在美学理论之中，对于美感经验可分为主观派与客观派；在对这两者进行论述之后，我们还会介绍另辟蹊径的互动派。

客观派的主张：毕达哥拉斯、柏拉图、霍加斯

客观派在历史上出现的比较早[1]，主要代表观点有古代毕达哥拉斯学派的"美在和谐与比例"、柏拉图的"美的普遍性与客观性"以及近代霍加斯的"美在形式"。他们的共同点为：美有个客观的标准。

---

[1] 此派远在近代哲学区分"主体—客体"之前就已出现，因此，严格来说，此派并不是和"主观"对立的"客观"，而是未区分主客对立的"客观"。

毕达哥拉斯学派：美在和谐与比例

所谓的"毕达哥拉斯学派"，并不只是毕达哥拉斯的一群学生，而是毕达哥拉斯所创的宗教性社团的成员。毕达哥拉斯派提出的"美是和谐与比例"及"黄金分割"的观点对后世有很大的影响。这派学说认为，我们之所以认为物体美，主要是因为物体具有某种"和谐"或某种数的"比例"，也就是说，美感经验是起于美感对象的客观性质。以音乐为例，毕氏学派"从数学和声学的观点去研究音乐节奏的**和谐**，发现声音的**质的差别**（如长短、高低、轻重等），都是由发音体方面**量的差别**来决定的……因此，音乐的基本原则在数量的关系，音乐节奏的和谐是由高低长短轻重各种不同的音调，按照一定**数量上的比例**所组成的……毕达哥拉斯学派把音乐中和谐的道理推广到建筑、雕刻等其他艺术，探求什么样的数量比例才会产生效果，得出一些经验性规范……例如在欧洲有长久影响的'黄金分割'（最美的线形为长与宽成一定比例的长方形）就是这派发现的。他们也有时认为圆球球形最美"。①

毕达哥拉斯派的美感经验论可以简述为：人（**美感主体**）认为某物（**美感对象**）很美（**美感经验**），是因为那个物体上体现了"和谐"，而该物体之所以和谐，是因为它符合一定数量的比例。美在于和谐，而和谐在于比例。比例是一种数量的关系，它是一种客观性质。毕氏学派可以称为客观派的鼻祖。

柏拉图：美在理型

在理解柏拉图的美学之前，需要先理解其哲学整体；我们可以通过《理想国》中的一个故事来理解：洞穴之喻。

- "洞穴之喻"

柏拉图的"洞穴之喻"②是说：有一群囚徒，从小被手镣脚铐禁锢着，头只能往前方看，所看到的只是洞穴墙壁上动物标本的影子；洞穴外的自由

---

① 朱光潜，《西方美学史》上卷。引文的重点是作者强调的。
② "洞穴之喻"的出处是《理想国》的第七卷。

人搬移动物的标本会经过囚徒后方的矮墙,经矮墙后方火光的照射,这些动物标本会投影在囚徒前方的墙壁上。请见图2。

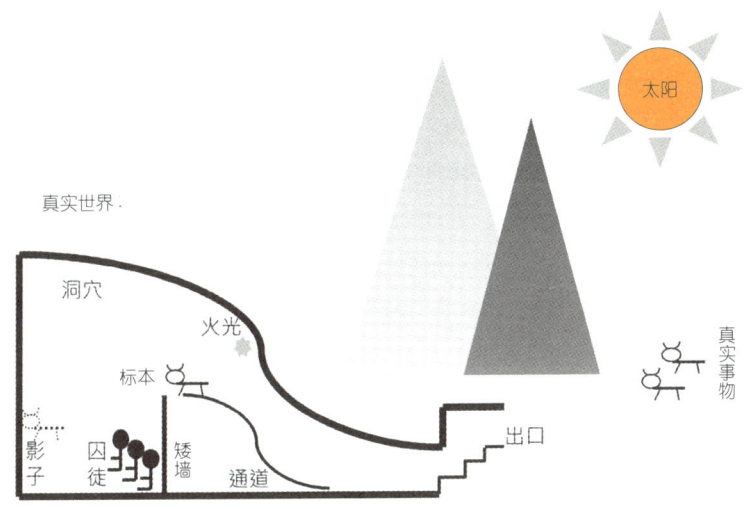

图2　柏拉图的洞穴之喻

这些囚徒从小就只能看见动物标本的影子,自然会以为影子就是最真实的,殊不知不仅连影子不够真,就连标本也不够真,真正真实的是洞穴外的动物。当然,就柏拉图的哲学来说,即使是洞穴外的动物也不是最真实的,因为这些动物只是"理型"(柏拉图用太阳来比喻)的一个例子而已。所以,最真实的是事物是动物的"理型"(理想形式),其次才是真实的动物,然后是动物的标本,最后才是标本的影子。

美学与洞穴之喻的关联在于:真实事物是对"理型"的模仿,标本是对真实事物的模仿,而影子又是对标本的模仿,这显示出柏拉图对艺术的看法。艺术家就像洞穴里看影子的囚徒一样,不仅不知道那不是真的,还仿制它!

– 特殊的美 VS 普遍的美；相对的美 VS 绝对的美

同为客观派的一员，柏拉图和毕达哥拉斯相同的部分是美在于和谐和比例，这是事物的客观特质。但是柏拉图却更进一步。他认为，这些感官所感受的美（也就是眼睛看得到和耳朵听得到的美）并不是"美本身"，而只是"表现美的事物"[①]；它们只是表现美之为美的"个案"，而非"美之为美"的普遍原则。"美的人、事、物"只是相对美，而美本身则是绝对美，它不仅自身是美，还会使得所有事物成其为美。

– 美的等级：会饮

柏拉图认为美有分层级，主要可见于他的《会饮篇》。其所讨论的主题是"爱"与"美"；在这篇对话录中，压轴的部分是苏格拉底谈论"美的层级"[②]。这涉及了四个步骤。

1. 形体美：这里又分为三个小阶段，先是爱个别形体的美，其次是由个别形体到多个形体的美，最后到一切形体的美，由此得到形体美的概念（理型）。

2. 心灵美（道德美）：之后就是从形体美上升到爱心灵方面的道德美，这个心灵美外显之后，就是行为制度习俗的美。

3. 学问美（知识美）：再由行为制度的美，上升到"学问知识"的美，这是种"真"的美。

4. 绝对美：它涵盖一切，它是美的本体。

这四个步骤的进程看似复杂，但其实是依照简单的原则，亦即由感性美而至理性美；由个别事物之美而至普遍理型之美；由美之部分而至美之全体。全体就是纯一永恒的绝对美，是美的止境、爱的止境，也是哲学的止境。最高美就是智慧，爱最高的美就是爱智慧，也就是"哲学"。

---

① 柏拉图并不反对"美丽事物符合和谐和比例的原则"这样的看法，因为在柏拉图的许多对话录里，也都出现这些用语，如《斐多篇》中提到，"地上的树木、鲜花和果实，都体现出合乎比例的绚美"。此外，在不下十多处的地方，柏拉图谈到美的事物必须符合完整和统一的标准。他的意思是说，部分的存在要符合整体美的需要，不能各行其是，破坏应有的比例，有损整体的和谐。这些都看得出毕氏美学的影响。

② 陈中梅于《柏拉图诗学和艺术思想》中整理成七个层级，我们这里整理成四个层级。

霍加斯：美在形式

毕达哥拉斯和柏拉图是古代人，他们并未历经近代主体性哲学的冲突，没有所谓"主客分裂"的问题，因此，也不是严格意义的客观派；之所以把他们放入客观派，是因为他们主张"美感经验起于独立于人主观态度之外的标准"。客观派近代的代表是霍加斯（William Hogarth, 1697—1764年），他是英国著名的画家和艺术家，他已经历了近代主体性哲学之洗礼，然而他还是主张美的尺度有个客观的标准，因此算是比较严格的客观派；他在美学方面的代表著作是《美的分析》（*The Analysis of Beauty*）①，这是欧洲美学史上第一部关于形式分析的著作。

霍加斯主张曲线比直线更美，他说："曲线所成的物，一定美观。故美全在事物之中。"霍加斯认为物体之所以美，是在于物体本身的形式，如曲线就比直线美。从**客观的形式**上来说，完全没有波状线的蟾蜍、猪和熊的形体是丑的，而我们也可以依照波状线的有无或形式，来解释不同的物体为什么会有不同程度的美②。这很明显地说出"美"与"丑"跟人的**主观的**美感态度无关，而在于物体具有什么样的**客观**形式。

> ### 美学大师丰子恺对于美学客观论的说明
>
> 丰子恺曾整理并申论客观论的"五个具体条件"，看完之后，应该更能掌握客观论。③
>
> **一、形状小的：** 美的事物，大体来说形状是小的。如女子形体比男人小，大概比男人美。我们看梅花觉得美，也大半是为了梅花形小的缘故；假如有像伞一样大的梅花，我们见了一定只觉得惊讶，不感到美。

---

① 中译本有杨成寅译，《美的分析》，上海：上海人民美术出版社，2017。
② 他还提出美的六个规则："适应、多样、统一、单纯、复杂和尺度，所有这一切都参加美的创造，互相补充，有时互相制约。"
③ 见丰子恺，《艺术趣味》，北京：海豚出版社，2015。

我们看见婴儿,觉得可爱;但假如婴儿同白象一样大,我们就觉得可怕了。

二、表面光滑的: 美的事物,大概是表面光滑的。美人的第一要件是光滑的肌肤,故词有"玉体""玉肌""玉女"等语。我们之所以爱玉、爱宝、爱大理石、爱水晶,也是爱它们的光滑。

三、轮廓为曲线的: 如霍加斯所言,曲线比直线可爱。人的颜面,直线多而棱角显然可见,不及曲线而带圆润的好看;美人的脸必由曲线组成。矗立的东洋建筑,上方加上一个圆顶(Dome),比平顶的好看。

四、纤弱的: 纤弱与小相似,可爱的东西,大都是弱小的。如鸟、白兔、猫,大都是弱小的。在人类中,女子比男子弱,小孩比大人弱,弱了反而可爱。

五、色彩明而柔的: 色彩的"明",就是白的、淡的。语云:"白色隐七难",类似我们现在说的"一白遮百丑"。色彩的"柔",是指明暗的程度相差不可过多;柔的调子大多是美的。

我们可以举一实例来印证这五个原则。问:"梅花为什么是美的?"这类客观派的学者会回答:"梅花形小,瓣光泽,由曲线包成,纤弱,色又明柔,故美。"

主观派的主张:康德、布洛

主观派经历近代主体性哲学之反思、心理学之研究,不再认为美感经验的主动性是由外在事物引起的,他们当然未必否定外在事物必须具备某种形式或比例,主体才会觉得美,但他们会比较偏重在美感经验中主体的主动性部分。主观派的代表人物是康德和布洛。

"美感态度"对美感经验的主动性

在主观派的学说中,有几个学说都强调"美感态度"(Aesthetic attitude)对美感经验的主动作用。何谓美感态度?简单地说:美感态度就是指美感主体在进行美感活动时的特殊心理状态。它会受到客观条件(如时间、空间）与主观心理因素（如感觉、情绪）的影响。美感态度会决定美感经验的发生。

我们可以从狭义和广义来定义美感态度。**狭义的美感态度**是指人们在美感活动中，面对美感对象时所抱持的态度，这种态度有别于实践的（利益的）、理智的（科学的）和道德的态度①。**广义的美感态度**是把狭义的美感态度中主体的主动性无限夸大：对象美或不美，是由美感主体决定的②。这种观点太强调美感态度对美感经验的决定作用，容易产生问题的部分在于：美感经验的主观性太强了，任何对象都有可能因为主体的态度而成为美感对象，这样一来，"外物美不美"就没有比较客观的标准。由于这种理论较为极端，所以一般所说的"美感态度"，指的是狭义的概念。

康德论美感态度

由于康德对于美感态度的讨论比较具体，他认为美感态度既不同于实用（利益）态度，也不同于科学态度以及道德态度。以下我们就以他的说法为主，进行介绍③。

康德关于美感态度的理论，在《判断力批判》中，是通过"美感判断如何可能？"这个问题来表现出来的,他从如下四个环节（Moment）④来进行：质、量、关系、样态。

－就"质"的环节来说，美是没有利害关系的快感

这里的质表现为一种"不定"判断。"质"对康德来说，就是一个判断的"肯定"（"花是红的"）"否定"（"花不是红的"）或"不定"（"花是不红的"或"花是非红的"）。"不定"指的就是用一个肯定的形式，表达

---

① 朱光潜（科学、实用、美感），康德（美感、实务"利益"和道德）。
② "情人眼里出西施"，通常是指"广义的"，你觉得美就是美。
③ 在下文讨论"质"的地方，康德讨论了美感和快感（利益、感性的利害关系）、道德感（善、理性的利害关系）的不同；而在讨论"量"的部分，康德则讨论了"逻辑"（理智、科学）的概念普遍性和美感的普遍性的不同。
④ 也有中译本译为"契机"，见康德著，邓晓芒译，《判断力批判》，北京：人民出版社，2002。

否定的内容。因此，就"质"来说，"美是没有利害关系的快感"，是用肯定的形式，表达否定内容。

在《判断力批判》中，康德特别说明，美感不等于对于**快适**的愉悦（即由欲望或利益得到满足之后的**快感**），也不等于对于**善**的愉悦（即**道德感**），因为这两种都是和"利害"相关的①。对康德而言，不论快感或道德感，皆与美感不同，因为美感不涉及任何利害关系。美感是自由的，不被强迫的，而另外两种（快感和道德感）都是被强迫的——被利害关系所强迫。

- 就量的环节来说：美是没有概念却又具有普遍性的东西

这里的"量"是"单称判断"。在逻辑上，"量"有三种："全称"（指涉全部）、"特称"（指涉部分）和"单称"（指涉个体）；相应的句型是"全部的人是有理性的"（全称）、有些人是有理性的（"特称"）和苏格拉底是有理性的（"单称"）。

关于这个环节，康德要谈的问题是：如果单称的量是指个体，那就不可能是普遍的。一般而言，要具有普遍性（普遍有效）通常必须是概念而非个体。比如说，这朵花是个体，那朵花也是个体，它们彼此不同，因此不是普遍的；但它们又同属花的概念，花这个概念是普遍的，它同时适用于天下所有的花，这就是普遍性②。

问题出现了，"在逻辑的量方面，一切鉴赏判断都是单一性判断"③，美感判断都只能是单称的，那它如何具有普遍性呢？这当然就是我们的美感经验中主观的假定，只不过这是每个美感主体的主观（主体），因而具有普遍性。康德认为，美感判断的普遍性并不是通过概念（理性、理由）而假定别人的赞同，而是直接通过每个实例（即单称命题）"要求"其他人赞同；这就是美感判断不通过概念，却仍然具有普遍性的意思。美感判断的这种要求，

---

① 康德说："无论快适与善之间的差异有多大，两者毕竟在一点上是一致的：它们任何时候都是与其对象上的某种利害结合着的……"《判断力批判》。
② 概念具有普遍性，这是《纯粹理性批判》处理的主题。道德判断也具有普遍性，这是《实践理性批判》处理的主题。
③ 即上文所说的"单称判断"。

虽然是"假定",但是每个美感主体都会做此种假定,因此才会具有普遍性。康德的结论是:"凡是那没有概念而普遍令人喜欢的东西,就是美。"我们可以简化为"美是没有概念却又具有普遍性的东西。"

- 就"关系"的环节来说:美是没有目的却又符合目的的东西

这里的"关系"指的是"因果关系";在逻辑上,关系有三种:"定言"(S是M / M是P / 所以S是P)、假言(若P则Q / P,所以Q)、选言(P或Q / 非P所以Q);相应于三个范畴实体性(定言)、因果关系(假言)、相互性(选言)。

关于这个环节,当康德说"美感判断没有目的,却又符合目的性"时,他的意思其实是——

1. 没有目的:美感主体其实是没有目的的,如我们赏花并不为了其他目的,我们只需欣赏它的形式或形象;而在欣赏时,就会直接得到愉快(美感)。

2. 却又符合目的:"因为对象的形式适合于主体的想象力和知解力的自由活动与和谐合作,这仿佛是由一种'意志'(康德没有明说'天意')来预先设计安排的。[①]"关于这个环节,康德结论如下:"美是一个对象的合目的性形式,如果这个形式是没有一个目的表象而在对象身上被知觉的话。"我们可以简化为"美是没有目的却又符合目的的东西[②]"。

- 就"样态"的环节来说,美是没有概念却又具有必然性的东西

这里的"样态"指的是"必然性"。样态有三种,"可然"(相应于"可能性")、"实然"(相应于"现实性")、"必然"(相应于"必然性")。

和"量"的环节相似,一般认为,能具有必然性的通常是"概念",但是美感不具概念,为何仍有"必然性"呢?(我觉得美,为什么别人也**必然**会觉得美?)康德的说法是:我们必然假设人与人之间具有"共通感"(Sensus communis),才能说我认为美,别人也必然认为美;但是这样的假定合理吗?康德认为如果不假定这个共通感,那么人与人之间

---

① 朱光潜,《西方美学史》下卷。
② 《判断力批判》。

的知识不可能传达[1]。也就是说，今天如果有人要反对康德，他也同时假定这个共通感，不然他的反对是无法传达给康德和其他人的；这个共通感的预设，就好比笛卡尔的"我在"一样，是一个不得不然的假设。关于这个环节，康德做了如下的结论："凡是那没有概念而被认作一个**必然**的愉悦的对象的东西就是**美的**。"我们可以简化为"美是没有概念却又具有必然性的东西"。

康德对于美感态度的分析

环节	相应范畴	美感态度的分析
质	肯定、否定、**不定**	美是**没有利害关系**的快感
量	全称、特称、**单称**	美是没有概念却又**具有普遍性**的东西
关系	实体、**因果**、相互	美是**没有目的却又符合目的**的东西
样态	可然、实然、**必然**	美是没有概念却又**具有必然性**的东西

综上所述，我们把康德对美感态度的分析整理如上表格。

布洛："心理距离"说[2]

"心理距离"说是由布洛（Edward Bullough, 1880—1934 年）提出的[3]。所谓的心理距离，不是"时间距离"，亦非"空间距离"；他把这两者视为心理距离的两个特殊形式。布洛所说的心理距离，其实指的是美感态度，他认为：适当的心理距离是美感经验的必要条件，时空距离对欣赏者的重要性是通过适当的心理距离而建立的。

距离指的是两物之间的关系，那心理距离是指哪两物之间的关系呢？

---

[1] 《判断力批判》。
[2] 本章"心理距离"所说的部分，取材自：刘昌元，《西方美学导论》，上海：上海古籍出版社，1986；加上作者自己的一些补充，为配合本书之用语，也做了一些修改，如"审美"皆改为"美感"。
[3] 布洛的"心理距离"说首次发表在《作为艺术的一个因素和一个美学原则的心理距离说》（Psychical Distance as a factor in Art and an Aesthetic Principle, 1912.《英国心理学杂志》）。

根据布洛的说法,心理距离乃是"存在于自我与情感的对象之间",它是"借由把自我从实用需要和实用目的之齿轮中分开"而获得的。

布洛有个著名的例子来说明心理距离,这个例子是"海上的雾"[①]:

> 乘船的人们在海上遇着大雾,是一件最不畅快的事。呼吸不灵便,路程被耽搁,固不用说;听到若远若近的邻船的警钟,水手们手忙脚乱地走动,以及船上的乘客们的喧嚷,时时令人觉得仿佛有大难临头似的,尤其使人心焦气闷。船不死不活地在驶行,茫无边际的世界中没有一块可以暂时避难的净土,一切都任不可知的命运去摆布,在这种情境中最有修养的人也只能做到镇定。但是换一个观点来看,海雾却是一种绝美的景致。你暂且不去想到它耽误了程期,不去想实际上的不舒畅和危险,你姑且聚精会神地去看它这种现象,这幅轻烟似的薄纱,笼罩着这平谧如镜的海水,许多远山和飞鸟被它盖上一层面网,现出梦境的依稀隐约,它把天和海连成一片,你仿佛伸出一只手就可握住在天上浮游的仙子。你的四周全是广阔、沉寂、神秘和雄伟,你见不到人世的鸡犬和烟火,你究竟是在人间还是在天上,也有些恍惚不易判断。这不是一种极愉快的经验吗?

心理距离有两方面:消极面指的是切断事物的实面,摆脱实用态度的支配;积极面指的是用新的态度看待事物,用心营造经验。在艺术欣赏中,个人的情感和愿望等在符合心理距离的原则下,可以参与欣赏活动,是美感经验产生的主观条件。在这里,我们已触及心理距离的三个重要原则:一、配称原则(Principle of concordance);二、距离之二律背反(Antimony of distance);三、距离的可变性(Variability of distance)。

配称原则指的是:美感经验产生的必要条件之一,是艺术性质与个人

[①] 刘昌元所引用的"海上的雾",其实是朱光潜翻译的;刘昌元说,"朱光潜把布洛的意思用优美的中文说出,值得引用";不过,他的引文在字语和断句上有和朱光潜的原文有一两处的不同,也经过删减。作者这里引用的是朱光潜的文字。

条件之妥当配合。艺术品的美感价值太低，很难引起人们的兴趣；而美感价值太高的作品，又可能发生"曲高和寡"的状况。

距离之二律背反指的是：美感经验的产生需要一个适当的心理距离，不能太远，也不能太近，这就叫"二律背反"。太远容易对作品无动于衷；太近则易受现实及私欲支配，不能对作品专心。

距离的可变性：是指上述的适当的心理距离，是允许多种程度的差异的，没有客观的标准。同一个作品对不同的人来说，心理距离可以不同；对同一个人来说，不同的作品所需要的心理距离也不相同。

主观派的美感态度与客观派形式之关系

以上略述了主观派对美感态度的看法，不论是康德或布洛，都认为在美感经验中主体的态度是起着重要作用的。然而，我们要注意的是：主观派是近代以后的产物，他们并未忽视古代以来就存在的客观派学说；康德和布洛等人，未曾忽视形式的重要，只不过他们把重心放在主体的美感态度所具有的主动性上面。在正式进入形式的讨论之前，我们要先看看在主观派和客观派之外的第三种选择：互动派。

互动派的主张：杜威

我们之所以把杜威称为互动派，是因为杜威强调美感经验中的各种主动性和被动性的互动：这互动表现在创作和欣赏之间，也表现在创作和欣赏各自的内部①。

就西方美学史的发展来看，美学主要是研究各种艺术现象，包括创作与鉴赏的经验与原则、艺术品本身以及艺术对社会的功用等。在这几种现象中，艺术品的存在无疑是最重要的，因为若是没有它，不但没有鉴赏的对象，就是创作活动也不会引人注意。可是，杜威却认为美学理论不能直接从研究艺术品着手，因为现代工商业社会与科技文明的畸形发展，使得艺术品的鉴

---

① 杜威原书并没有清楚讨论，这是刘昌元的归纳。

赏与其他人生现象孤立起来，这点至少可从两方面得知：一、在精细分工下，每件事物都有其固定的位置，艺术也一样被归类分化，所以我们想看画就得到博物馆，好像只有在这类地方才可以欣赏艺术品一样；二、过度的分工使人在工作时变得单调乏味，又为了生存被迫工作，艺术成为工作之余的消遣或失意时的避难所。

由于艺术被孤立，才会导致一些孤立派的谬误理论，如克罗齐的直觉主义、贝尔（Clive Bell）的"形式主义"和"为艺术而艺术"的思想。他们以为这样把艺术从平常的生活经验中孤立起来，才能保存艺术品的纯粹性与精神价值。杜威却认为，这样把艺术品孤立起来，反而成了理解艺术的障碍。

想了解艺术的秘密，杜威建议回到人生的平常经验（Common experience），甚至是低于人的动物生活，因为艺术就是从中发展出来的；要了解艺术与美感经验，则须了解人与动物的生活。原始人的艺术活动是和宗教祭祀、狩猎等日常活动结合在一起的，所以美学工作的基本工作之一，就在恢复美感经验与平常经验的连续性。

谈到美感经验，我们必须对杜威如何使用经验一词有所了解。杜威对经验采取了一种动态与生物学的解释："经验是动物为了适应生存而与其环境发生互动的结果。"他进一步说明：一、所谓"适应"（Adjustment）有两种方式，一种是偏重于被动的调节（Accommodation），另一种是侧重于主动的改造（Adaptation）。二、所谓"环境"，不单指"自然环境"，也指"人文环境"。三、"互动"是杜威哲学中的常见词，他的意思是：不但环境不停对人产生影响，人也在不断地影响环境。由这三点可见，杜威一开始就把人与其他生物同样视为自然的一部分，而不是将人孤立于自然之外。但是，经验或动物与其环境之互动，与艺术有何关系呢？适应环境又和美感经验有何关系呢？我们可以从后续的三方面来回答这个问题。

经验的两个共同元素

所谓的互动，其实含有"做"（Doing）与"受"（Undergoing）两方面的意义,所有经验都包含了这两个要素。杜威强调,艺术作为一种经验,不管是创作或欣赏,都有做与受两方面;创作是"做",而欣赏则是"受"。例如,艺术家在修改与整理作品的过程时,他同时是创作者(做)也是欣赏者(受)。然而更深一层的是,不论是创作或欣赏,各自也都包含做与受两方面。

首先,从创作方面说,艺术意味着一种技术完美的活动(做),但是如果只有这一点,机器也做得到。创作还有一个重要的面向,即创作者本人对其处理的题材要有高度的敏感,对创作本身深觉喜爱;这种敏感和喜爱都是创作活动中"受"的一面。

其次,在欣赏方面,它也不是被动地接受(受),因为人必须静下心来,集中精神才能欣赏,这本身已是一种"做"的过程。一个完全没有经过欣赏活动所点化的小说、音乐、绘画,只能算是"艺术产品"(Product of art),它们必须通过观赏者的再创造或"做",才能成为真正的"艺术品"(Work of art)。

完整经验与美感经验

和其他非艺术的经验一样,在创作与欣赏中,做与受必须达到平衡,才能使经验发展、成熟与完满。过度的受、做都会妨害经验的发展:做得太过,会使人来不及深入体验;而受得太过,则会使人空有一堆感触而无法提炼成艺术。

经验是人为了适应生存而与环境互动的结果,但并非所有经验都是完整的;许多时候,经验常常是片段的。因此,杜威认为"有一个经验"和"有经验"是不同的。前者是不完整的片段的经验,而后者才是"完整"的经验。所谓的有一个"完整"的经验,须具备四个条件:一、在一个经验开始时,人易受到动物本能的驱使,因而引发一些涉及整个身心的冲动。二、在追求需要满足的过程中,人不免会受到环境的阻力而产生紧张状态,因此需要有适当的阻力;有了适当的阻力,人才会有预期的目的并朝此目的前进,而它也控制了整个经验发展的动向。三、在与环境连续互动的过程中，经验得以保存、累积与发展，而达到令人完满的感觉。四、一个（完整的）经验是各部分都组合成很好的整体或统一体（Well-integrated whole or unity），各部分都有机地结合在一起，不是散漫无章，也不是机械化。我们可以说，一个完整的经验，都有情感作为其各部分的统合力。

杜威认为，凡能满足这些条件的经验才可称为一个（完整）经验，而只要是一个（完整）经验就有其美感品质（Esthetical quality），"没有任何经验可以有统一性，除非它有美感品质"。"艺术"对他来说是用来形容遍布或渗透一个完整经验的用词，至于"美"，指的是对此种完整经验所引起的情感反应。美感经验与非美感经验（如理智、道德等）的差别是美感品质在强度或程度上的不同，而不是种类上的不同。也就是说，"理智经验""实用经验"和"道德经验"，只要是一个完整经验，它就可以同时是个美感经验。对杜威来说，与美感经验相对的，不是理智经验、实用经验和道德经验，而是漫无目的的活动与机械化的活动这两个极端。

何时我们才能知道美感品质支配了完整经验，而成为美感的活动呢？杜威归纳成以下三点[1]。一、在美感经验中，那些构成完整经验的共同条件会被更强烈地表现出来。二、艺术创作与欣赏的材料是直接感受到的事物性质，如声音、颜色、线条等，而任何理智活动的材料则常是抽象的符号。三、一般完整经验中，结果可与整个经验分开而仍然是真的，而构成美感经验时则不同，手段（形式、过程等）与目的在此是不可分的。

艺术与人生

经验的精华在完整的经验，而完整经验的精华在美感经验，故杜威说："艺术是经验作为经验而言，最直接与完整的显现。"又说，"艺术代表自然的巅峰事件与经验的高潮。"

经验是人为了适应环境而与之产生互动的结果。适应得好，就会使人

---

[1] 杜威原书并没有清楚讨论，这是刘昌元的归纳。

的内部需要和外在环境的限制保持平衡与和谐的关系,这会带给人整个存在的幸福与喜悦。但平衡与和谐的状态不是一劳永逸的,环境的变迁要求人重新适应。

从这个观点来看,所谓人生,常是平衡与和谐不断失去与重建的过程,生活的韵律(Rhythm)指的就是那影响平衡与和谐之秩序的互动。没有阻力的人生就像一滩死水,缺乏生趣;有阻力的人生才能激起我们的生命力与生趣,就像流水遇到磐石激起浪花一样。

在康德与克罗齐所标榜的"孤立主义"传统中,杜威另辟蹊径,开创出脉络主义道路,且与现象学美感经验论有诸多相似之处,对于后代美学家也有极大影响。

形式:五个含义 [①]

在客观派中,形式是重要的,甚至是引起美感经验最重要的元素。然而上文提到的霍加斯,他所分析的"美的形式"所使用的意义,只不过是"形式"这个复杂多变的概念中的一种。以下先叙述形式变化之简史,再叙述形式之五义。

演变简史

起始:可见的形式和不可见的形式

形式(Form)是西方美学中最重要、也最富争议的问题之一。希腊时代一开始,就有两种形式观念:第一种是透过感官(即肉眼)能看到的"可见的形式",希腊文称之为"Μορφή"(Morphé,指的是"形状"),这是

---

① 关于这五个含义的论述,作者取材自《西方六大美学观念史》的"形式:一个名词与五个概念的历史"一章,译文采用的是中译本的译文,但也经过作者个人的剪裁、部分改写、补充,甚至重译(因为部分文句或专有名词有误);因此,除非需要(如需要注明引文出处的地方或者当作者的译文与原译本不同的时候),否则不再特别说明引用的部分。

把形式视为现象，视为具体事物的外观；第二种是心灵的眼睛所能掌握到的"概念的形式"，希腊文称之为"Εἶδος"（Eidos，指的是"概念""本质"）[1]，这是把形式视为本体，视为事物的内在本质、内在结构。前一种形式可以视为"感性的形式"，而后一种可以视为"理性的形式"。这两种含义是西方形式思想的主要支柱，很大程度上决定了西方艺术以及美学的发展方向。

关于这两种"形式"的含义，我们对比如下表格。

"可见的形式"与"概念的形式"

"可见的形式"	"概念的形式"
Μορφή（Morphé）：形状、外形、外观	Εἶδος（Eidos）：概念、本质、相、理念
现象	本体
可见	不可见
感性	理性

后续：一词多义

之后，拉丁文的词"形式（Forma）"同时取代了希腊文的两个形式（Μορφή 和 Εἶδος），原封不动被欧洲诸国采用，如意大利、波兰、西班牙、俄国的通行语言之中，都使用"Forma"一词；而在其他的国家也只加上少许的变化，如法文是"Forme"，英文是"Form"，德文是"Form"[2]。这些国家既然直接继承拉丁文"Forma"一词，自然也继承了该词传自希腊文的两种含义，而

---

[1] 一词源自动词 idein（看见或观看），苏菲世界论 idea, vidya, 等等。柏拉图的"理型"即为此字，指的"理念＋型式"。陈康译之为"相"。
[2] 这个字在德文和英文中其实是一样的，只不过在德文中名词的第一个字母都要大写，如此不同而已。除了这个 Form 字，德文其实还有另一个字"Gestalt"（形态），此字是透过"完整心理学"（Gestalt Psychology）而为人所知。

具有歧义。在美学和艺术史的流传过程中，许多艺术家、思想家和学派都会加上新的用法，让形式一词具有更多的含义，如此一来，形式的含义像滚雪球般，越滚越大，造成美学或艺术史研究的困扰。

形式的五个含义

要了解每个艺术家、思想家如何使用形式，最好的方法就是通过它的相反词来理解，比如说它的反义词是质料，那么形式指的就是"形状"；如果它的反义词是元素（或组成分子），形式指的就是结构或排列。从这个方式来看，西方美学史所用的形式至少具有五种含义。一、作为各部分的排列（Arrangement of parts）；二、直接呈现在感官之前的事物（What is directly given to the senses）；三、与质料相对，一个对象的界限或轮廓（The boundary or contour of an object）；四、亚里士多德意义下的形式：一对象之概念性本质（The conceptual essence of an object）；五、康德意义下的形式：人类心灵对于所知觉对象的贡献（The contribution of the mind to the perceived object）。以下分述之。

"形式"作为各部分的排列

这种意思我们称为"形式1"。在这种意义下，形式的反义词是元素、成分、成员，而形式就是对各部分的元素、成分、成员所做的整体安排或排列。当然，这种定义涉及了安排或排列，自然也免不了和比例相关；比如当我们说"柱式"（柱廊的形式）时，指的就是各个柱子之间的排列方式和比例，而"曲式"则是音符的排列方式和比例等。

这种形式的含义与美学相关的地方就在"Symmetria"（均称）、"Harmonia"（和谐）、"Taxis"（秩序），这些希腊语几乎都和形式1这个意思息息相关。本章前文所述的毕达哥拉斯学派，他们的美学理论"美在和谐和比例"就和形式1的关联很深。

毕氏学派这种形式1及其美学理论，影响所及，包括了柏拉图、亚里士多德、斯多葛学派、西塞罗、维特鲁威（Vitruvius，前80—前15年）等人，甚至中世纪、近代，一直到现代，都还有追随者。从美学史的眼光来看，一个理论能够获得这么普遍的肯定，实在难能可贵。十九世纪德国著名美学家任墨尔曼（R. Zimmermann, 1824—1898 年）就曾一针见血地指出："古代艺术的原理便是形式"，这里所说的形式，指的就是某部分的安排和比例[1]，也就是形式 1。

"形式"作为直接呈现在感官之前的事物：与"内容"相对

第二种含义，我们称之为"形式 2"，它的反义词是内容。简单地说，形式 2 的意思是表面或外表（Appearance）[2]；在这种意义下，诗的声音是形式，而诗的意义则是内容。我们可以说印象派的人强调的是形式 2——形式作为外表，而抽象派的人则强调形式 1——形式作为排列[3]。

我们可以举一个比较生活化的例子来诠释：当老师一看到同学的报告，用的是细明体，没有封面，老师就直接给零分；学生抗议说："老师只看形式，并没有看内容，这样是不公平的！"学生口中的"形式"，指的就是形式 2。换言之，形式 2 是指我们可以直接看到的部分，其相反词内容，则非眼睛可以直接看到的。这个对比其实类似于希腊时期两个形式对比（"看见"对"看不见"）。

关于形式 2 与内容的对比，德米特里乌斯（Demetrius, 前 350—前 280 年）作了个很好的解释。他认为，内容指的是"作品所谈到的东西"（What the work speaks of），而形式 2 是"作品如何谈"（How it speaks）[4]。当形式 2 被引入视觉艺术领域时，它和形式 1 的混淆就造就了一个新的含义：形式 1 + 形式 2。此时，形式一词同时具备两个含义（外表和排列），结果，当艺术家认为"艺术中必有形式"，他指的实际上是：第一，只有外表（不含内容）是重要的；第二，在外表中，只有整体的安排（而非各个元素）才是重要的。

---

[1] 参考《西方六大美学观念史》。
[2] 参考《西方六大美学观念史》，译文为作者重译。
[3] 同[2]，译文为作者重译。
[4] 同[3]。

换句话说,只有形式 2 是重要的,形式 1 只有在形式 2 之中才能显出其重要。

不论形式 2 是否包含形式 1,艺术家们一直都在争论:在艺术中形式和内容,哪个比较重要?早期形式与内容被认为相辅相成,缺一不可;可是到十九世纪以后,特别是二十世纪,两者的争斗越发激烈;这个争斗是由一些支持"纯粹"形式的极端分子所深化的。比较温和的形式主义者的论调是:"一件真正的艺术品,最重要的是形式",而比较极端的"形式主义"则会说:"一件真正的艺术品,只有形式是重要的。"对于极端的形式主义者来说,内容是不必要的,有了内容,非但无益,反而有害。

最后,"带有相应内容的形式"和"不带相应内容的形式"被区别开来了:前者是具象的(再现的、模仿的、客观的,如生物之美),而后者是抽象的(非再现的,如直线与圆圈之美);这两种形式后来被得到了承认:康德把美区分为"自由的"(Frei)和"依附的"(Anhänende),休谟也把美分成"内在的"和"关联的"。到了二十世纪,形式 2 的地位被抬到至高无上的地位①。

作为一个对象的界限或轮廓:与质料相对的"形式"

第三种含义,我们称之为"形式 3",它的反义词是质料;这是字典中最常出现的含义:形式是一个对象的界限或轮廓;这似乎和形式 2 有些类似,但是形式 2 作为"外表",它不仅包含轮廓,也包含其他部分(如色彩);而形式 3 则只包含轮廓。

形式 3 在字典中最常出现,代表它在日常用语中的影响力,一般人看到"形式",想到的就会是这个用意(至少在西方是如此),但这不表示它在艺术领域就没有影响力,正如形式 2 在诗学中是一个极为自然的概念,形式 3 在视觉艺术(绘画、雕刻、建筑)中,也是极为自然的概念,因为它涉及"空间"的形式。

在艺术史中,形式 3 扮演要角的时代只有在十五世纪至十八世纪,在这期间,它被视为是艺术理论中的一个基本概念,不过它并不被称为形式,

---

① 参考《西方六大美学观念史》,部分名词使用作者自己的翻译。

而被称为"图形"或"素描"。也由于形式 3 只和素描、轮廓相关，和色彩无关，因此和形式 2 泾渭分明。特别是在十六世纪，轮廓（形式 3）和色彩（形式 2）代表绘画中的两个极端；然而在十七世纪，素描（形式 3）和色彩（形式 2）的对立，开始在绘画中出现。在学术圈内，素描被认为比较重要，德国画家兼雕刻学院的史官泰斯特林（Henri Testelin, 1616—1695 年）就曾说道："一个素描杰出但色彩平庸的画家，比起那用色美而素描差的人来，应该受到更多的尊敬。"到了十八世纪，色彩重新获得足以与形式 3 相抗衡的地位，双方的战争才告停止①。

有时艺术评论家会说某一件作品"缺乏形式"，我们或许可以反问："真的可能没有形式吗？"平心而论，任何东西都不可能没有形式。首先，不可能没有形式 1，因为任何东西都有部分，因此有安排或排列，我们顶多只能说"没有很好的形式"；同样的情形也适用于形式 2 和形式 3，因为任何东西都一定要有外表和轮廓，即便不一定很美，但或许可以借用贝尔的话：没有一个"有意义的形式"（A significance form）②。

亚里士多德意义下的"形式"：对象之概念性本质

第四种含义，我们称之为形式 4，这是亚里士多德的用法，指的是一个对象的"概念性本质"，另外的名称是"内在目的"（Entelechy）③；它的反义词是"对象之偶然特征"（The accidental features of objects）。现代大多数美学家都把形式 4 的概念忽略掉了，但在美学史上，形式 4 就和形式 1 一样古老，而且也与形式 2、形式 3 并行不悖④。我们可以将形式 4 称为"本质的形式"。

---

① 参考《西方六大美学观念史》，部分名词和句子使用作者自己的翻译。
② 同①。
③ 中译文原作"圆成实"，但我们认为"内在目的"比较符合亚里士多德的原意。"圆成实性"是佛教唯识宗所谓的"三自性"（遍计所执性、依他起性、圆成实性）其中的一个，用唯识宗的名词来翻译亚里士多德的概念，未必会有比较好的效果，因为对于一般大众来说，"三自性"的概念未必比"内在目的"更熟悉，用一个大家不太熟悉的概念去理解另一个不熟悉的概念，这样的做法是值得再思考的。
④ 参考《西方六大美学观念史》。

必须注意的是,不论是亚里士多德本人或是他的弟子,都未曾将形式4用在美学里,真正把它用在美学里的,是十三世纪经院学派^①的学者们;他们把形式4和伪狄奥尼修斯所主张的"美包含在比例和光辉"^②结合起来,如此一来,形式4(本质的形式)就等于"光辉",结果产生了一个关于美的相当特殊的概念:对象之美,有赖其形而上本质在其外表中显现出来。

第一个采取这个解释的可能是大亚尔伯(Albert the Great, 1200—1280年),他认为:美存在于这样的本质形式(形式4)的光辉中,而这光辉透过物质显露其自身;但是,只有在此物体具有正确的比例(形式1)时,本质形式的光辉才会在那物体中显露自身^③。

然而形式4在美学中的统辖,在十三世纪达到顶峰之后,随即就结束了。形式4虽然随着亚里士多德的思想体系,一直残存到十六世纪,但在美学中并没有发挥什么作用。十七世纪以后,形式4消失殆尽;直到二十世纪,这个概念又脱胎换骨,在一些艺术家的著作中复活过来,不过已经不再以形式4的名义出现。因此,如果要说此词已消失,而别的艺术家使用的是类似形式4的概念,也无不可^④。

康德意义下的"形式":人类心灵对于所知觉对象的贡献

第五种含义,我们称之为"形式5",这是康德的用法,指的是"心灵对知觉对象所做的贡献",而它的反义词是"不由心灵所产生或引入而是经验由外在给定的东西"(What is not produced and introduced by the mind but is

---

① 是中世纪时的哲学派别,最重要的代表人物是托马斯·阿奎纳。
② 伪狄奥尼修斯(Pseudo-Dionysius the Areopagite, fl. c. 500)《圣经·使徒行传》中记载保罗去雅典传道,提及未知之神时,有些人在保罗讲到复活时便离开,只有两个人愿意留下来继续聆听,而且信了主,其中一人就是狄奥尼修斯(Dionysius the Areopagite)。而五世纪至六世纪,有人自称就是《圣经》中的狄奥尼修斯,但是从历史的判断,可以肯定这位人士一定不是狄奥尼修斯,他只是假借其名,所以我们称他为"伪狄奥尼修斯"。他撰写了一系列希腊文论文和书信,试图将新柏拉图主义的哲学同基督教神学与密契主义(神秘主义)结合,作品有《论神的名称》。
③ 参考《西方六大美学观念史》,作者有自己的翻译。
④ 同②。

given to it from without by experience），我们可以称之为"先验的形式"。

所谓先验的形式，指的是人类主观的"模子"或"框架"，人类透过这个模子或框架去认识事物。在他的《纯粹理性批判》之中，康德说明了这个模子或框架的结构，是人类透过感性的模式、知性的范畴和理性的理念这样的框架去认识事物，并且把认识的事物统一起来：感性的模式有两个（时间和空间），知性的范畴有四个（质、量、关系、样态），而理性的理念则有三个（灵魂、世界和上帝）。简单地说，这整个框架就是先验的形式，我们透过这个先验的形式来"建构我们的经验"。我们可以把上述内容透过下页图3表示出来。

就图3来说，整个"感性—知性—理性"的架构，就是形式5。理论上，在康德哲学中"知识论"具有这样的一个形式5，美学应该也有。然而，令人惊讶却又不意外的是，康德认为美感没有像知识那样具有一个先验的形式；由于知识具有先验的形式，因此，它具有普遍性和必然性。但美感不像知识，可以透过概念而具有普遍性和必然性；美感的普遍性和必然性是透过人类的"共通感"而来的[①]。所以康德自己并没有把形式5用在美学上。

可是，在十九世纪，一位不属康德学派的思想家费德勒（Konrad Fiedler）倒是发现了这样的形式；视觉对他而言，有其普遍的形式，类似康德意义下的形式5。费德勒定义的形式5难免还有些模糊，比较清楚的定义是由他的门徒和后继者提供的：希尔德布兰特（Adolf von Hildebrand，雕刻家）、李格尔（Alois Riegl，艺术史家）、沃尔夫林（Heinrich Wölfflin，艺术史家）以及黎尔（A. Riehl，哲学家）。因此，形式5也出现在美学和艺术史中。当然，每个人对形式5的诠释都不尽相同，因此，形式5这种先验形式的多元概念就产生了。在二十世纪前半期，这样的形式概念，甚至在中欧还成了典型的概念。总之，二十世纪形式5具有的含义不止一种，但都是挂在形式5的名义下，而支持形式5的人也都接受这种状况："一个名词各有表述。"[②]

以上略述了西方"形式"一词的五种含义及其历史变化；当然，在艺

---

① 详见上文论"主观派的主张"，康德论"样态"的部分。
② 《西方六大美学观念史》。

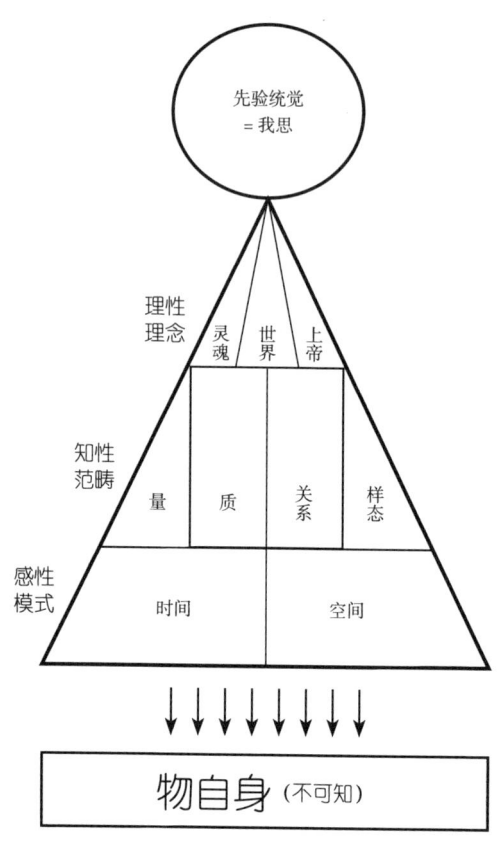

图 3　康德知识论架构图

术史上出现的形式含义，绝对不只这五种①，但这五种却是最重要的。

形式 1、形式 2 和形式 3 的关系由于太过接近，因此，不论是一般人甚至艺术家也常常会混淆，通过我们上述的说明，应该可以厘清一些。

我们将这五个含义的形式的发展历程回顾一下：形式 1（**排列**）历经了一个长久的过程，形成了艺术理论中的一个基本概念。形式 2（**外表**）在不同的时代，被设定用来反对"内容"，且地位在"内容"之上，但无论如何，

---

① 至少有十种以上。

像在二十世纪这样受到重视,则是前所未见。形式 3 在十六、十七世纪成了艺术的口号。形式 4 则是发展成熟的经院哲学的一个显著特征。形式 5 只有在十九世纪末,才引起人们的兴趣。

延伸阅读

一、柏拉图的《理想国》谈洞穴之喻，有启发性，可以了解柏拉图哲学的大略，特别是"理型论"。从"美学"问题延伸到"形而上学"和"知识论"，也可配合电影《黑客帝国》和《楚门的世界》一起来看。

二、康德，《判断力批判》第一卷"美的分析"（北京：人民出版社，2017）。这篇从"质""量""关系""样态"四个环节来谈"美"，是美学必读的经典；康德的文字难度虽高，但这部分篇幅不多，而且非常著名，讨论的人也很多，不乏导读的资源，因此，只要反复阅读，必有所得。

推荐影片

一、《庸人哈尔》(*Shallow Hal*, 2001),这部影片可以印证"广义的美感态度",也可以讨论"外在美 VS 内在美";当然影片本身也不失趣味。

二、《偶然与巧合》(*Hasards ou Coïncidences*, 1998),这部影片和美学相关的地方主要在于"爱情"与"艺术"两点:爱、艺术(舞蹈、音乐、绘画—仿制、摄影—影中影)。

3分钟重点回顾

1. 美感活动的全体，涉及主观面（美感主体的"美感态度"）、客观面（"美感对象"），以及联结二者的"美感经验"。

2. 在美学理论之中，对于美感经验可分为主观派与客观派，以及另辟蹊径的"互动派"。

3. 美学与洞穴之喻的关联在于：真实事物是对"理型"的模仿，标本是对真实事物的模仿，而影子又是对标本的模仿，这显示出柏拉图对艺术的看法。艺术家就像洞穴里看影子的囚徒一样，不仅不知道那不是真的，还仿制它。

4. 客观派近代的代表是霍加斯，他已经历了近代主体性哲学之洗礼，然而他还是主张"美"的尺度有个客观的标准，算是比较严格的"客观派"。

5. 美感态度是指美感主体在进行美感活动的特殊心理状态。它会受到客观条件（如时间、空间）与主观心理因素（如感觉、情绪）的影响。美感态度会决定美感经验的发生。

6. 康德关于美感态度的理论，在《判断力批判》中通过"美感判断如何可能？"这一问题来表现出来，他是从如下四个环节来阐述的：质、量、关系、样态。

7. 布洛所说的心理距离其实指的是美感态度，他认为：适当的心理距离是美感经验的必要条件，时空距离对欣赏者的重要性是通过适当的心理距离而建立的。

8. 想了解艺术的秘密，杜威建议回到人生的平常经验，甚至低于人的动物生活，因为艺术就是从中所发展出来的；要了解艺术与美感经验，则须了解人与动物的生活。

9. 西方美学史所用的"形式"至少具有五种含义。形式1：作为各部分的排列。形式2：直接呈现在感官之前的事物。形式3：与质料相对，是一个对象的界限或轮廓。形式4：亚里士多德意义下的"形式"：意指一对象之概念性本质。形式5：康德意义下的"形式"：意指人类心灵对于所知觉对象的贡献。

Day 4
美学大师语录

充实之谓美,充实而有光辉之谓大,大而化之之谓圣,圣而不可知之之谓神。——孟子

美之属于视觉,胜过属于听觉。——费奇诺

外貌美只能取悦一时,内心美方能经久不衰。——歌德

区分真艺术与假艺术有一个不可怀疑的标志……那就是艺术的感染性。——托尔斯泰

艺术比真理更有价值。——尼采

美学完全被误解了……由于"美的"是个形容词,所以你就很容易会误解说"这件东西要有一种美的特质"。——维特根斯坦

艺术品以自己特有的方式敞开了存在者的存在。——海德格尔

从美的事物中找到美,这就是审美教育的任务。——席勒

即使最完美的复制也总是少了一样东西:那就是艺术作品的此时此地。——本雅明

美,是人间不死的光芒!——徐志摩

凡是艺术家都须有一半是诗人,一半是匠人。他要有诗人的妙悟,要有匠人的手腕。——朱光潜

艺术就是要破除那些占支配地位的意识形式和日常经验。——马尔库塞

圆满人格像是一个鼎,真、善、美好比鼎的三个足。对于一个人而言,美是皮肉,善是经脉,真是骨骼,这三者共同撑起一个"大写的人"。——丰子恺

音乐的经验,不单是音乐的,而且还是社会的。——阿多诺

艺术从一个组合体(对象+事件)出发最终发现其结构;神话则从一个结构出发,借助这个结构,它构造了一个组合体(对象+事件)。——列

维-斯特劳斯

相对于真和善来说,只有美,才是无论什么人,都能为之感动,并能充分体验到的。——今道友信

一个有感动力的艺术品不一定有美感,但是美感有时候可以增加感动力。——汉宝德

DAY 5
第五章　美学的创造与模仿

"创造"在美学中的地位有多重要,"模仿"就有多重要。理由有二:首先,如果不通过与反义词"模仿"的对比,我们就无法更全面地理解"创造";其次,"模仿"这一概念及其理论在西方美学史上占主导地位的时间,远比"创造"来得更久,因此整体的影响力也更大。基于以上两点,一部导读美学问题的书籍对于"模仿"的介绍是必要的。

创造与模仿在美学中之意义

创造是现代艺术的主要特色之一

艺术是美学研究的主题之一，而现代艺术最重要的特色就是创造①，因此，创造的研究在美学中是重要的。再者，创造性（创意）的概念是艺术的重要特色，但创造性却不只局限在艺术里，人类生活的各个方面，都和创造性有关。因此，即使美学研究不只限于艺术，而扩及人类的其他感性面，创造性也是重要的主题，因为它几乎充斥了我们全部的生活。

创造性在古代不被重视，于中世纪开始出现，在近代开始进入艺术之中，而在当代则进而扩展涉及人类的全部活动。不过，创造性或创造之研究不只限于美学（哲学），也可以从教育学、心理学各方面来谈。但本书为美学的导读书籍，因此，我们会把焦点集中在美学（艺术）的部分。

创造与模仿的关系

创造在美学中的地位有多重要，模仿就有多重要。理由有二：首先，如果不通过与反义词"模仿"的对比，我们就无法更全面地理解"创造"，正如在医学上不通过与"疾病"的对比，我们就无法更全面地理解"健康"一样。其次，模仿这一概念及其理论在西方美学史上占主导地位的时间，远

---

① 本章所指的"创造"，指的是动词"To create"或名词"Creation"，这个词在十九世纪的脉络中则会译为"创作"；而抽象名词"Creativity"，在本书中则会依照文脉之不同而译作"创造性"或"创意"，有时也会将两者并称为"创造性（或创意）"。

比创造来得更久，因此整体的影响力也更大[1]。

创造与模仿是美学最重要的几个议题中的两个，和其他的美学议题，如美、艺术、形式、美感经验，虽然也息息相关、不可分割，但这两个议题彼此之间的关系，其紧密程度远胜过和其他四个议题的关系，因此本章将它们独立出来，放在一起说明。

创造性（创意）概念的发展与演变[2]

我们可以分成四个时期阶段来讨论创造性概念的发展与演变：分别为一、古代（公元前三世纪至公元四世纪）；二、中世纪（四世纪至十四世纪）；三、十九世纪；四、二十世纪以后。

古代时期：无创造

这里说的"古代"，指的是"希腊"和"罗马"时期。首先就"名词"来说，在希腊时期，并没有创造性的名词，也没有创造性的概念，这样当然不可能有关于创造的理论。在古代约一千多年间，不论是在哲学、神学，或是我们目前所谓艺术的领域，与创造性（或创意）相应的希腊文名词根本不存在；顶多有"制造"（Ποιεῖν; Poiein; To make）[3]这个词。而罗马人虽然使用"Creator"一词，但对他们而言，这是"父亲"的同

---

[1] 下文会提到广义的模仿（含"写实主义"）流行约二十个世纪之久，而创造的概念和理论则一直潜伏着，真正和美学及艺术领域相关而浮上台面，比较宽松的认定是十四世纪以后，而比较严格的认定则要到十九世纪以后。然而十九世纪以后，创造就比模仿发挥了更大的影响力了。

[2] 本节所述关于创造性的概念发展史，参考自刘文潭译，《西方六大美学观念史》（上海：上海译文出版社，2006）的"创造性：概念史"一章，这是在美学论述方面有关"创造性"概念史最经典的文字之一。采用的是中译本的译文，但也经过作者个人的剪裁、部分改写、补充，甚至重译（因为部分文句或专有名词有误）；因此，除非需要（如需注明引文出处的地方或者当我的译文与原译本不同的时候），否则不再特别说明引用的部分。此外，各时期的标题都是作者所加。

[3] 此词是英文"诗"（Poetry）之希腊文动词。

义语。"creatiourbis"则表示"城市的建立者"。罗马人并不像后世把创造性用在神学（中世纪）和艺术领域中（十九世纪），更不用说是用在人类生活的所有领域了（当代）。

在希腊罗马时期，比较类似的概念是"建筑师"[1]和"诗人"，但这两者和创造者的概念还是不一样，而且这两者的概念顶多也只类似于创造者。严格的创造性的概念（**即"无中生有"的创造**）只有等到古代的末期方才形成，但这种把创造当作无中生有的用法，只是一种消极的用法，意指无中生有的创造是不可能的事，如："无物能生于无"（Ex nihilo nihil）[2]，或像卢克莱修所说的："无中生有并无其事"（Nihil posse creari de nihilo）[3]。肯定这种无中生有的创造，要到中世纪才会出现。

古代时期"创造性"与艺术之关联

– 创造者与创造

对希腊人而言，只有制造一词，而无创造；将艺术、艺术家与创造、创造者的概念关联在一起，是近代以后的事情。

因为艺术与创造并没有交集，所以希腊人并没有将创造一词应用到艺术上；对希腊人而言，艺术并不属于创造或具有任何创造性，而是一种技术。

– 艺术乃是一种技术

在希腊文中，艺术被称为"Τέχνη"（Techne），即技术。所谓的技术，就是要依照法则而行；代表了不自由，也代表了一种模仿而非创造。柏拉图

---

[1] 这里指的是柏拉图《对话录》中《蒂迈欧篇》中的"迪米奥格"（Demiurge），他和后来基督教的上帝不同的地方在于：他不是造物主，他不创造物质；他比较像一个设计师或建筑师，根据现有的材料或物质来设计或建构。

[2] 这句话的英文表述是"Nothing can come from nothing"（没有事物能来自无），这是先苏哲学家（苏格拉底以前的哲学家们）最早面对的哲学课题之一。读者可以参阅《苏菲的世界》论"自然派哲学家"那一章的"没有一件事物可以来自空无"部分（[挪威]乔斯坦·贾德著，萧宝森译，《苏菲的世界》，北京：作家出版社，2007）。

[3] 参见《西方六大美学观念史》。

在《理想国》中提到：工匠制造的床是模仿神心中的床；而画家画的床，则是模仿工匠制造的床。不论是工匠或是画家，都是在模仿，可是工匠却比画家更高一层，因为他制造出来的床是可以睡的，而画家只是在仿制，画出来的只是一张假的床。所以画家（和其他我们现在认为的艺术家）连制造都谈不上，如果是制造，也顶多是仿制，更不用是谈创造。

我们现在所用的创造者（Creator）与创造性（Creativity）的概念，都蕴含了"行动的自由"，而希腊人心中的艺术家与艺术（或是技术家和技术）的概念，则不包含自由，而是对规则、法则的遵循，或依照法则来制造事物。

此外，既然艺术是制造某些事物的技术，这种技术既是知识（对法则的知识），也是才能（**应用这种法则的才能**）；只要是了解及知道如何应用这些法则的人，便是一位艺术家（技术家）。这当然也包含着如下的观念：自然是完美的。由于自然遵循法则，艺术家应发现它的法则，并遵循之。所以对希腊人而言，艺术家是一位发现者，而非发明者；在音乐中，艺术家（作曲家）要发现并遵循的法则是音乐中的法则（Νόμοι, nomoi[①]，这里指某种"旋律的形式"），而在视觉艺术中（如绘画或雕刻），则是规范（Canon）或尺度（Measure）。

总而言之，在古代，艺术和创造就像两个没有交集的圆一样，没有关联，也没有重叠，如下方图1。

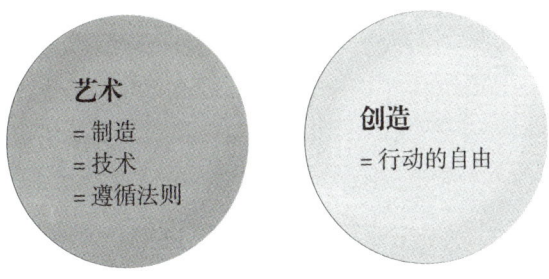

图1

[①] 这个字即是英文字尾"-nomy"，如"经济学"（eco-nomy）、"天文学"（astro-nomy）等。

中世纪：只有神能创造

这里说的"中世纪"，指的是四〇〇年（五世纪）到一四〇〇年（十五世纪）这一千年的时间①。

首先就"名词"来说，中世纪已有创造或创造性的名词，也有了创造的概念。但不论是名词与概念，都只限用于神学的领域（这当然和基督宗教的统治有关）。

中世纪发生了一个重要的转变：开始使用创造一词，并且只用于上帝"从无中生有的创造活动"（Creatio ex nihilo）之上。在中世纪，"Creator"这个名词等于上帝（God）的同义语，即使到了启蒙时期，都还是维持这种用法。和古代末期不同的是，中世纪时认为无中生有的创造是可能的，只不过，人类无力为之；创造乃上帝之事。

中世纪"创造性"与艺术之关联

中世纪时期，创造性和艺术几乎没有直接关联：创造是神的能力，和人类无关；人类的艺术品并非创造，而是制造（这是承袭古代的观念），因此用虚线表示（见图2）。当然，如果说一切都是神的创造，人类及其艺术都只是受造物，更合理的图示应该是图3。然而，间接的关联还是存在的，如果世界（特别是自然界）是上帝创造的，那么艺术家只要去模仿自然，就

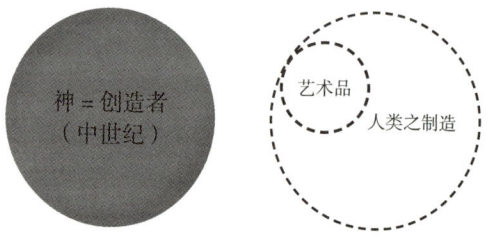

图 2

---

① 比较明确的说法是指四七六年（西罗马帝国灭亡）至一四五三年（东罗马帝国灭亡）这将近一千年的时间。

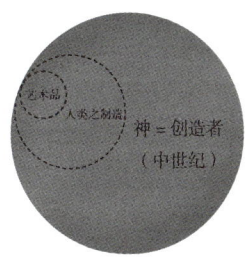

图 3

是最好的艺术了。这种艺术理论起源于希腊时期（特别是柏拉图）的模仿说，而在中世纪成为主流的理论之一。

十九世纪：人能创造，但只限于艺术家

十九世纪有创造或创造性的名词，也具有创造的概念。但不论是名词与概念，都不再限于神学的领域，转而应用在人类身上，而只应用于一类人身上，也就是艺术家。此时，在中文的用法，将创造译为创作，是非常合适的。

十九世纪"创造性"与艺术之关联

在十九世纪这个阶段，创造性和艺术几乎完全等同。创造（创作）是艺术家特有的能力或活动，甚至是唯一的能力或活动。

我们可以说，艺术在古代时期被认为是模仿，在十八世纪的浪漫主义时期被认为是表现，在十九世纪被则认为是创作（创造）。在古代认为"创造不可能"，在中世纪则认为"创造虽可能，但只限于神"，在近代则认为"创造透过艺术——也唯有透过艺术——才是可能的"。

中世纪时将创造当成无中生有，在宗教或神学领域指的是创造世界；而近代将无中生有的创造能力放在艺术家身上，则是一种"虚构"或"想象"，这虽然也适用其他类型的艺术家，但对于语文的艺术（文学）却特别贴切。文学和其他艺术不同的地方就在于，不论是莎士比亚的"哈姆雷特"（Hamlet）

或"奥赛罗"(Othello)、歌德的"维特"(Werther)或"威廉·麦斯特"(Wilhelm Meister)都是一种虚构的存在。这也算是一种艺术家的无中生有。总之,在十九世纪,艺术家即是创造者,也只有艺术家才是创造者(见图4)。

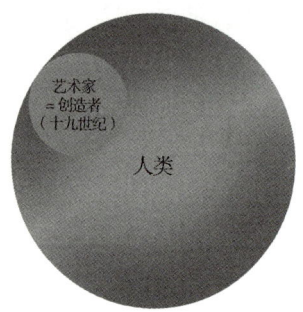

图 4

二十世纪以后:人人都能创造

二十世纪有创造或创造性的名词,同时,也具有创造的概念。和十九世纪一样,创造性适用于人类;但和十九世纪不同的是,创造或创造性不只局限于某类人(艺术家)身上。在二十世纪以后,创造性的词汇与概念适用于人类所有的活动领域,例如我们可以说一篇学术著作有创造性。只要是人类的活动,都可以用创造性、创意去形容或衡量。

二十世纪以后"创造性"与艺术之关联

十九世纪以后的艺术,已不再是美的艺术,而是创造性的艺术(这其中当然也和新奇、独特、个性有关联);创造性已成了现代艺术的必要条件之一(在十九世纪,它甚至还是充分条件[①])。艺术由古代的模仿、近代的写实和再现,一直到现代的创造,似乎是由光谱的一端走向另一端。然而,

---

① 所谓的"充分条件"(Sufficient condition),是指:"有之必然,无之未必不然。"意思是说,有那个条件就够了,不需要其他条件,但是缺少那个条件却未必不可以。而"必要条件"(Necessary condition),是指:"无之必不然,有之未必然。"意思是说,缺少了那个条件就一定不可以,但是只有那个条件还不一定够。

如果详细考察艺术发展的历史，会发现"模仿—创造"之间的张力，一直存在于各时期的艺术理论中，即使连模仿说占主流的古代，亚里士多德对于艺术的看法，其实也比较偏向创造（虽然他仍使用模仿一词）。

近代艺术就更不用说了，文艺复兴之后，许多艺术家就摇摆于模仿和创造之间（或许他们未曾使用过这两个词语，也或许用了别的词语来表示这两个概念）。创造是艺术的一部分，却不只限于艺术领域，它包括一切人类的活动（学术探讨、商业行为，科学发明、文字创作、生活方式等）。这就是现代创造性概念的特色。在这个阶段，每个人都可以是创造者（见图 5）。

图 5

到底什么是创造性呢？其最重要的本质应该就是一种"新奇性"（Novelty）。更周全地说应该是：创造性是人类运用**心灵能量**（Mental energy）的表现，而此表现具有新奇性和独特性；最极致的独特性是一种**不可取代性**[①]。

总结：创造性的三个含义

让我们来总结一下创造性的发展与演变。

从古代到现代，艺术从美的艺术变成创造性的艺术，也从模仿的艺术变为创造性的艺术，这两条线在历史上交错发展。古代和中世纪认为没有美

---

① 在《西方六大美学观念史》中，塔塔尔凯维奇所整理出来的创造性特质最主要的是"新奇性"和"心灵能量"两项；我们再加上"独特性"（"不可取代性"）一项，还要加上"对社会的影响""受到领域专家认可"等。

就没有艺术,没有模仿就不是艺术,而现代则认为没有创造性就不是艺术。当然,艺术的定义已经改变了,而创造的定义也改变了,创造与艺术的关系也改变了:由完全无关到现今成了紧密相连。我们将两者的关系重新整理如图6。

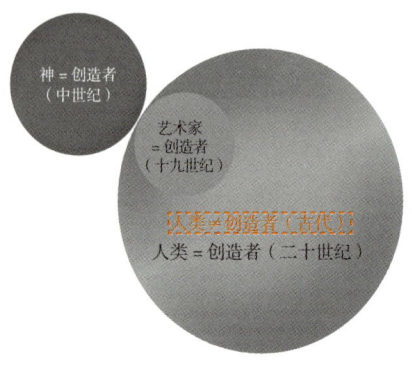

图6

依照图6,从古代到现代,创造概念之变化,共有三个圆圈,代表了三种创造性。左上方的中圆是创造性1"神=创造者"(**中世纪**);中间被包含在大圆中的小圆,是创造性2"艺术家=创造者"(**十九世纪**);右下方的大圆是最广义的创造,创造性3"人类=创造者"(所有人都能创造,这是**二十世纪**的概念),古代因无创造性概念,故用虚线表示[①]。

创造性1(神=创造者):是神的创造,和艺术的创造无关;人类的艺术活动也不等于神的创造。当时对于创造是如此理解的:首先,所谓创造,指的是无中生有之事,这是人类做不到的;其次,创造在当时属于一种神秘的活动,而非艺术性的活动;最后,艺术家必须遵守一定的法则和规范来制造(而非创造),这显然与创造不同(创造是一种自由的活动)。由以

---

① 这里的论述顺序和《西方六大美学观念史》原来的顺序不同:作者互调了创造性2和创造性3的顺序,因为这样的调动才会和这两个概念的历史发展顺序一致:先创造性2(十九世纪),再创造性3(二十世纪)。在原书中,是用"特称命题":"有些艺术家是创造者";但从逻辑上来看,应改为全称"全部的艺术家是创造者"比较合理。

上三点可知,神的创造(创造性 1)和艺术家的制造(创造性 2),是没有交集的。

创造性 2(艺术家 = 创造者):是艺术的创造。这个看法可以延伸为:一方面,每一种创造皆是艺术;另一方面,每一种艺术皆是创造。从语义上来说,艺术和创造是同义语;从逻辑上来说,艺术是创造的充要条件:艺术是创造,也只有艺术是创造。当然,这是最极端的表述,较为中庸或有所保留的说法,是并不是所有的艺术都具有创造性,只有"好"的艺术才具有创造性。无论如何,有一点是确定的,创造性不会表现在其他地方,而只会表现在艺术中。

不过,如果只有"好"的艺术才具有创造性,所谓的"好",指的是什么?严格来说,十九世纪时评定艺术"好"或"不好",不只根据一个特点。在当时的观点,一件艺术品不仅要令人赞美、兴奋、惊奇,还要具有"形式的完美"。如果创造性是浪漫主义者重视的标准,那么形式的完美就是古典主义者重视的标准。在浪漫主义出现之前,艺术的创造性并不被重视,"好"的艺术几乎就取决于是否具有完美的形式。只有当完美和艺术之间的关联逐渐松散,创造和艺术之间的关联才会逐渐增强[①]。

创造性 3(人类 = 创造者):是最广义的创造,人人都可以是创造者。就图 6 大圆和小圆的关系来说,我们可以理解为:有些创造是艺术(**或有些创造者是艺术家**),而全部的艺术都是创造(**全部的艺术家都是创造者**)。也就是说:如果全部的人类都是创造者,艺术家是人类的一部分,自然也是创造者。从逻辑上来说,"全称命题"为真(全部的人类是创造者),则"特称命题"亦为真(一部分的人类是创造者)亦为真,这种关系称为"等差"(Subalternation)。从图 6 的小圆圈来看,艺术家只是人类的一部分,即使全部的艺术家都是创造者,对人类来说,也只是"一部分的人类是创造者"。

---

① "完美"(Perfection)和"美"(Beauty)是不同的:前者为"善+美";后者为不包含善的纯粹"美"。"完美"和"艺术"的联结在中世纪—近代较为紧密,而"美"和"艺术"的联结,则从古代一直到十九世纪都很普遍,直至十九世纪后才日渐松散。

总之，古代（无创造）和中世纪（只有神能创造），创造性位于美学之外，近代以后才进入美学之中（艺术家能创造），现代则又走出美学之外（创造不只于艺术）。上文提到创造性被理解为"新奇性""心灵能力"和"独特性"，从近代开始，创造性的理论逐渐蓬勃发展，以心理学领域最为耀眼，美学或艺术哲学的创意理论反而较为少见[1]，这或许是因为创造力已经跨越了人类活动所有的层面，而不只限于艺术，因而美学或艺术哲学的研究相较之下才显得比较少见。

模仿概念的发展与演变[2]

今日英文中有关模仿的单词有两个，分别有不同的来源：第一个词是"Mimic"（模仿的），源自希腊文"Μίμησις"（Mimesis；模仿）；另一个词是"Imitation"（模仿），源自拉丁文"Imitatio"（模仿）。这两个词指的是同一回事，不过，在今日，模仿多多少少都意指复制（Copying）。然而，在古代的含义却至少有四个，类似复制的意义只是其中之一。

作为创造的反义词与对比项，模仿不仅在概念上是理解创造不可或缺的条件，在西方美学上也比创造更早占据主流地位。它的发展与演变甚至比创造历史更为复杂，以下我们将分为四个时期来讨论模仿概念的发展与演变[3]。

---

[1] 在张岩松、穆秀英著，《文化创意产业：理论与实践》（北京：清华大学出版社，2017）中，作者尝试建构三个哲学性的创意理论："守—破—离""意想不到的联结"和"创意四环节"（重构自亚里士多德的"四因说"）。

[2] 本节所述关于模仿的概念发展史，原则上是取自《西方六大美学观念史》的"模仿：艺术与实在的关系史"一章；该书另有一章"模仿：艺术与自然和真理的关系史"，与本章关系较少，取材与引用仍以"模仿：艺术与实在的关系史"这一章为主。引用的方式和上节"'创造性'的概念发展史"的部分相同：译文采用的是中译本的译文，但也经过作者的剪裁、部分改写、补充，甚至重译（因为部分文句或专有名词有误）；因此，除非需要（如需要注明引文出处的地方或者当我的译文与原译本不同的时候），否则不再特别说明引用的部分。此外，各时期的标题都是作者加上的。

[3] 在《西方六大美学观念史》中，原分为六个时期，本章将其中的第四、五、六时期并为一个时期。

古代时期

希腊文"Μίμησις"(Mimesis)在希腊时期就已有所发展演变,具有四个含义。

1. 最初的意思是指"**祭司所从事的礼拜活动**"(如舞蹈、奏乐、歌唱等),模仿在这个阶段指的是"**显示内心的意象**",不表示复制心外的现实[①],因此这个词也未应用在视觉艺术上。

2. 德谟克利特(Democritus, 前460—前370年)则将之用作"**对自然作用之方式的模仿**":如纺织时,我们模仿蜘蛛。这种用法主要是应用在具有实用性的艺术(技术)上。

3. 柏拉图接受其老师苏格拉底的用法,并加以扩展,将模仿视为"**事物外表的翻版**"。依柏拉图的观点,绘画、雕刻及诗歌全部都是模仿的艺术。必须注意的是,虽然柏拉图将艺术(技术)理解为模仿性的,但这只是说他认为希腊艺术的"实然"(实际状况)是如此,并不代表他赞成这种模仿性的艺术。在《理想国》第十卷中,他就指出艺术的模仿特质,使之远离了真理[②]。

4. 亚里士多德继承柏拉图的用法,却又加以变化。他主张艺术的模仿可以把原来的事物表现得更美或更丑,也可以把它们应然的模样显示出来;也就是说**模仿**并非是对实在的忠实临摹,而是"**对实在的自由的接触**",艺术家可以用自己的方式表现实在,他更结合了礼拜性(**第一种**)和柏拉图所采用的模仿概念(**第三种**),把它同时应用在音乐、雕刻及戏剧上。换言之,亚里士多德已将模仿注入了类似我们现在称之为创造的概念了(虽然希腊人并不使用创造这个概念)。

---

① 以第三章来说,就是此时是"表现",而非"写实"或"再现"。
② 请参见上文"古代时期:无创造"里所引的柏拉图《理想国》中有关"床的比喻"。如果神心中的床是原版的"真理",工匠制造的床是模仿神心中的床,算是第二版的真理;而画家画的床,则是模仿工匠制造的床,算是第三版的真理。由于是仿制,一版不如一版,所以第二版不如第一版,第三版不如第二版。以阶层来算,画家画的床,算是第三层真理,离第一层真理有两层之遥。

古代的四种模仿概念

时期或代表者	含义	适用之艺术（技术）类型
祭司所从事的礼拜活动	显示内心的意象（表现）	舞蹈、奏乐、歌唱
德谟克利特	自然作用	纺织、建筑、唱歌
柏拉图（苏格拉底）	事物外表的翻版	绘画、雕刻及诗歌
亚里士多德	对实在的自由的接触	音乐、雕刻及戏剧

我们可以将古代的四种模仿概念整理如上面的表格。

古代模仿的四种含义，后来只剩下柏拉图和亚里士多德的概念留存下来，在后来的艺术史上继续发挥影响力。在**希腊化时代**和**罗马时期**，有些学派采用亚里士多德的主张，但柏拉图式的概念仍然很流行；不过，也有直接反对这两种解释的人，这倒不是说他们采取另一种"模仿"的主张，而是这些人根本就反对模仿说。

中世纪

1. 中世纪的前期比较具有代表性的主张是伪狄奥尼修斯（Pseudo-Dionysius，约为五世纪—六世纪）和奥古斯丁（St. Augustine, 354—430 年），他们认为艺术如果旨在模仿，那就理当**去模仿不可见的世界**，它不仅永恒，而且比可见的世界更加完美。如果艺术一定要把自己局限在可见的世界上面，那就让它在其中探索永恒之美的踪迹。为达到此目的，与其透过实在直接的再现，不如借助于各种象征。这个时期，我们可以称之为"**透过可见的世界去模仿不可见的世界**"。

2. 其他的中世纪思想家，如戴尔都良（Tertullian, 155—220 年）甚至相信上帝禁止任何对于这个世界的模仿；而经院学派的哲学家则相信，精神性的再现远比物质性的再现来的高级也更有价值。到了中世纪高峰期，波拿文都拉（Bonaventura, 1217—1274 年）甚至谈到：忠实模仿实在的绘画，当时被人嘲讽为"真理的沐猴而冠"（Aping of truth）。**这个时期，模仿被弃之不用**。

3. 但是，模仿说并未完全被消灭。十二世纪时的人文学家索尔兹伯里的约翰（John of Salisbury, 1115—1180 年）等人的著作中，仍有模仿；他为绘画所下的定义，就跟古代人（柏拉图）所下的定义一样：模仿。十三世纪的大师、亚里士多德研究学者托马斯·阿奎纳，也毫无保留地重复古代的主张：艺术模仿自然（Ars imiter naturam）。**这个时期可以说是模仿说又重新得势的时期**。

文艺复兴时期

在文艺复兴时期，模仿到达了顶峰。近代的拉丁文从罗马的拉丁文中采取了"Imitatio"（模仿）一词——意大利文的"Imitazione"、法文及英文的"Imitation"，都源自这个词。而斯拉夫人、德国人也创造出了模仿的同义字。

十五世纪初，所有的视觉艺术都率先接受了模仿说。到了十六世纪中叶，当亚里士多德的《诗学》重新被欧洲人接受时，模仿的名词、概念和学说，变成了文艺复兴诗学中最主要的因素。到了十八世纪初，模仿仍旧是美学的基本问题，一七四四年维柯（Giovanni Battista Vico, 1668—1744 年）在《新科学》[①]中宣告："诗除了模仿之外便什么也不是。"

虽然"Imitatio"在艺术理论中保持住它的地位至少长达三个世纪之久，但这并不代表它在当时是一种具有一致性的学说。在视觉艺术的理论和诗学中，对于模仿就有许多不同的论调。有些是用亚里士多德的方式去了解它，其他的则依照着柏拉图及通俗的忠实模仿概念来理解。因此，名称虽然一致，众人对它的理解却不太一致，诠释上产生的争议仍然很多。

文艺复兴时期的作家们纷纷强调，并非所有的模仿都适用于艺术，只

[①] 该书提出"诗性智慧"一词，认为这是创造力的根源。此书的中译本有朱光潜的译本《新科学》，商务印书馆出版，后来收录于《朱光潜全集》第二十五、二十六卷，合肥：安徽教育出版社，1987。

有好的、艺术的、美的和想象的模仿，才适用于艺术。由此可见，文艺复兴时期的人们，对于模仿所形成的艺术品的条件要求大于它的原型，甚至对于模仿品的评价也高于对原型的评价。可见，艺术已不等于原型，已经消解了原型的真实尺度与标准，在艺术方面不再只是外形的模仿，艺术也必须为美而服务，赋予其意义，并且加入一些心理与精神层面的东西。总而言之，**模仿已脱离了刻板复写实在的概念了**。

启蒙时期之后至今

最极端的模仿说形态都出现在十八世纪。有些人认为模仿是一切艺术的通则，不只限于具有模仿性的艺术部分。而启蒙时代同时期的一个美学家，一方面推广了这样的看法，但是又断言艺术非真实的全部，而是美好的、且实际存在的事物。

到了十八世纪末期和十九世纪初，模仿的重心转移了，之前被应用在诗学，现在重心则转移到"视觉艺术"的领域了。不过，这只是应用范围的改变，模仿的概念并没有新的变化；实际上，当时认为对于模仿这个课题，该探究的皆已经探究过了，因此对于模仿较少感到兴趣。

十九世纪后，模仿又被拿出来讨论，不过，对于模仿的概念不再忠于古代的原则，而是加上新的转变：艺术之定义已由美、模仿（写实）转向创造。

模仿说的理论及其演变

模仿说的主要论点

模仿说的要点就是指"艺术模仿实在"，这个见解统治欧洲文化将近二十个世纪之久。当然，它不一定具有统一的名目，然而万变不离其宗，不外是用模仿、复制（十八世纪以后）、写实（十九世纪以后）这些字眼来表示。当然还有其他的字眼，例如文艺复兴时期的意大利人，就用"Ritarre"（描绘）来表示忠实的模仿，而用"Representation"（再现）来表示"自由地表现事物"（即亚里士多德意义下的模仿）。

从应用范围和模态来谈

以下我们将从"应用范围"和"模态"来谈论模仿说。

就应用范围来说

柏拉图和亚里士多德将艺术分为原创性(如建筑)和模仿性(如绘画),并将模仿说单独应用在模仿性的艺术之上。后继者也比照他们的做法。直到十八世纪,法国学者巴托(Charles Bateaux, 1713—1780年)扩大了应用范围,把建筑和音乐也包括进来,放在模仿的艺术里,呼应"**一切艺术同是模仿**"的主张。

就模态(Modality)[①] 来说

随着时代的变化,模仿说的陈述方式也有所转变。希腊时期的模仿说是针对事物之实况做描述,讲的是一种"实然";而在近代,如果艺术善尽职责,它便"应该"去模仿实在。这讲的是"应然"。举例来说:在希腊时期,当柏拉图说"艺术模仿实在",他指的是"实然"(虽然他不认同这种实然)[②];然而在近代,托尔夸托·塔索(Torquato Tasso, 1544—1595年)则认为"模仿乃诗的本质,唯有模仿才使诗成其为诗[③]"。也就是说,如果诗希望善尽它的职责,它"必须"去模仿实在。他讲的是"应然"。

让我们做个小结。综合上述两点,在理论结构上,古代的模仿说从"狭义的理论结构"演化为近现代的"广义的理论结构",应用范围扩大了;从"实

[①] 此处中译者误译为样式,似乎将"Modality"一词理解为"Mode";"Modality"中译多作为"模态""样态"或"情态",指的是说话者在语句上加上"可能""或许""必然"等字眼,来表达自己认知的强弱程度。

[②] 这意思是:当我说"大家都闯红灯",这表示我看到的实际状况(实然),可是我心理并不赞成这种"大家闯红灯"的状况;我反倒认为"遇到红灯,大家应该停下来!"(应然)。柏拉图的状况也是一样,他描述的"实然"是"希腊的艺术是在模仿",但他认为"艺术不应该只是模仿"(应然)。

[③] 参见《西方六大美学观念史》。

然的理论结构",演化为"应然的理论结构",断言的方式强化了。然而,正如历史所显示,这种扩大和强化的结果,反而促成了模仿说的崩溃①。

艺术家对于模仿难易的争论

在模仿说流行的这些漫长的世纪中,一直存在一个重要的争论,就是:"模仿到底容不容易?"这个问题其实是在问:**模仿容易,还是创造容易**?对大部分的艺术家来说,答案是简单的:"模仿即使不是轻而易举,至少也比凭空创造来得容易!"中文有所谓的"有样学样""依样画葫芦"之说。这种说法很容易理解,就是有个样本可以让艺术家参考,总比艺术家无中生有的"创造"还容易。但是米开朗基罗的意见却相反,他认为,"自然是如此完美,创作时出现不存在之物,远比模仿现存的实物来得更轻易②"。《韩非子》中所说的"画鬼容易画人难",也是在讲同样的道理③。

这个问题还有一点值得我们思考,模仿是否只是依样画葫芦,而创造(无中生有),真的是天马行空、无所参考的凭空创造吗?这在艺术创造和美学讨论中都是一个很重要的问题。

艺术中的创造与模仿

现在我们正式来讨论艺术中创造与模仿的关系。乍见之下,模仿是百分之百的复制(Copy),而创造则是百分之百的建构。这样的看法并不符合事实,不论是在艺术学习或艺术创造中,模仿与创造的关系都不应该被如此看待。以下我们将说明应该如何正确看待模仿与创造的关系。

---

① 如上文所述,十九世之后,"创造"成了艺术最重要的精神。
② 参见《西洋六大美学观念史》。
③ 《韩非子》原文如下:"客有为齐王画者,齐王问曰:'画孰最难者?'曰:'犬马最难。''孰易者?'曰:'鬼魅最易。夫犬马,人所知也,旦暮罄于前,不可类之,故难;鬼魅无形者,不罄于前,故易之也。'"

模仿是创造的必要条件，但不是充分条件

美学大师朱光潜先生曾说："古今艺术大家在少年时所做的工夫大半都偏在模仿。米开朗基罗费过半生的工夫研究希腊罗马的雕刻，莎士比亚也费过半生的工夫模仿和改作前人的剧本，这是最显著的例子。中国诗人中最不像用过工夫的莫过于李太白，他集中模拟古人的作品极多，只略看看他的诗题就可以见出。杜工部说过：'李侯有佳句，往往似阴铿。'他自己也说过：'解道澄江净如练，令人长忆谢玄晖。'他与过去诗人的关系可以想见了。①"

毕达哥拉斯的模仿定义，用我们的话来说，就是"照着做"。所谓"熟读唐诗三百首，不会作诗也会吟"；模仿得地道，就会做诗，就成了创造；模仿得不地道，至少也能朗朗上口。

不论是艺术家、工匠，还是正在学习的学生，都是通过模仿而学习的；不论是技能、知识或人生态度，无一不是通过模仿而来。然而模仿只是"开始"，并不是"完成"。如果永远只停在模仿，那么永远都只是人云亦云，永远都没有自己的创造。当然，这只能说明模仿是必要条件，而非充分条件。

不靠模仿，几乎不可能有创造；但只有模仿，则毫无价值

我们可以借用"守—破—离"的理论来说明模仿与创造的关系。

"守—破—离"源自日本剑道学习方法，后发展到其他武术与行业。"守"指最初阶段遵从老师教诲达到熟练的境界；"破"指试着突破原有规范；"离"指自创新招数另辟新境界。

就创造与模仿的关系来说，我们可以这样理解："守"是过去的资本和涵养，如老师的教诲或文化的资产，是纯粹模仿的阶段，是在练习基本功；"破"是重新消化"守"这个阶段所吸收的东西，重新诠释、突破常规，开始反省自己之前的模仿；而"离"则是崭新的创造，脱离窠臼，自创一格。

必须注意的是：如果"守得不够深"，就无处可"破"，当然也就无法

---

① 朱光潜，《不似则失其所以为诗，似则失其所以为我——模仿与创造》，《谈美》，收于《朱光潜全集》第二卷，合肥：安徽教育出版社，1987。

可"离"。也就是说,崭新的创造("离")是要建立在扎实的模仿("守")①之上,而突破常规("破")则是两者之间的桥梁。换言之,在"守"这个阶段,以模仿为主,学习老师教导的一切,可以说是打根基的阶段,所以务必要多吸收以利于之后的发展;在"破"这个阶段,是对学到的东西提出有别于传统的观点,开始培养自己的观点、训练自己的方式;到了"离"这个阶段,则是走出自己的道路,一种独特的创造。

通过对"守—破—离"的诠释,我们可以与"创造—模仿"的关系相结合:守(模仿)—破(不按常理出牌、突破常规)—离(自创一格)。

狭义的创造就只有在"离"这个阶段,自"创"一格;广义的创造,则是在"守—破—离"这整个过程;创造,作为整体的过程,乃是不断地模仿,然后不按常理出牌、突破框架,之后脱离窠臼、自创一格。

创造是打破之前固有的联结并建立一个崭新的联结:意想不到的联结

如果创造被理解为"自创一格",那就必须要打破固有的、僵化的联结,并且重新建立一个新奇的、意想不到的联结。

> "艺术家从模仿入手,正如小儿学语言,打网球者学姿势,跳舞者学步法一样,并没有什么玄妙,也并没有什么荒唐。不过这一步只是创造的始基。没有走到这步就止步,则不足以言创造。我们在前面说过,创造是旧经验的新综合。旧经验大半得诸模仿,新综合则必自出心裁。"②

"新综合"就是建立新的联结;但如果没有通过模仿,没有旧的材料,如何建立新的联结呢?正如"破"和"离"是通过"守"而来,建立新的联结,

---

① 创意研究中有所谓的"十年法则"(10-Year Rule),指出许多专业领域至少要沉浸十年以上才会有所成。
② 《不似则失其所以为诗,似则失其所以为我——模仿与创造》。

必然也是通过打破旧的联结而来;而这个新的联结,由于是"别出心裁""自创一格",是以一种前所未见的方式将两个或多个项目联结起来,因此,也可以称之为"意想不到的联结"[①]。

赖声川在《赖声川的创意学》一书中,用"联结"来说明创意,他认为"联结是创意思考的关键[②]"。他也引用了作家普罗麦尔(William Plomer, 1903—1973年)的观点:"创意是将似乎不连贯的事物联结在一起的能力。[③]"

不论是从"守—破—离",或是"意想不到的联结"来解释模仿与创造的关系,都说明了同一件事:模仿是创造的起点,而创造则是模仿的终点和目标。

[①] 把"粉圆"和"奶茶"联结在一起,成为"珍珠奶茶",由于这个联结是前所未见的,故称为"意想不到的联结"。将手机、相机、平板电脑、随身听和互联网等联结起来,而成为"智能型手机",也是一种意想不到的联结。
[②] 赖声川,《赖声川的创意学》,桂林:广西师范大学出版社,2020。
[③] 《赖声川的创意学》。

延伸阅读

一、[波]塔塔尔凯维奇著,刘文潭译,《西方六大美学观念史》(上海:上海译文出版社,2006),其中的三章"创造性:概念史""模仿:艺术与实在的关系史""模仿:艺术与自然和真理的关系史"。此三章详细论述了西方美学中"创造"与"模仿"的概念和理论的演变与发展,特别是前两章,为本章取材和改写的来源。

二、朱光潜,《不似则失其所以为诗,似则失其所以为我——模仿与创造》,《谈美》,收于《朱光潜全集》第二卷,合肥:安徽教育出版社,1987。这篇谈的"模仿与创造",文字深入浅出,难度不高,却富有启发性;读者可以配合另外一篇来阅读:《读书破万卷,下笔如有神》,这篇谈的是"天才与灵感",算是跟"创造"关系非常密切的主题。

推荐影片

一、《三傻大闹宝莱坞》(*3 Idiots*, 2009),这部电影直接涉及"创意"与"模仿",也可以从我们文中谈到"守—破—离"和"意想不到的联结"来分析。当然这部电影的内涵并不只限于此,我们此处只是从它和本章相关的主题来做介绍,更多的内涵,需要观者自行去挖掘。

二、几部日本动漫《哆啦A梦》(涉及"创意""意想不到联结"等)、《中华小当家》(涉及"模仿与创造""守—破—离")、《日式面包王》(涉及"模仿与创造""守—破—离")。这些动漫的剧情虽然有时天马行空,但其中的创意却信手拈来,俯拾即是,给我们的启发并不是在"知识"(虽然其中亦充满丰富的知识)的获得,而在"想象力"的无限扩大。

3分钟重点回顾

1. 创造性在古代不被重视,在中世纪开始出现,在近代开始进入艺术之中,而在当代则进而扩及人类的全部活动。

2. 在古代约一千多年的时间里,不论在哲学、神学,或是我们目前所谓艺术的领域,与创造性(或创意)相应的希腊文名词根本不存在,顶多有"制造"(Poiein, To make)这个词。而罗马人虽然使用"Creator"一词,但对他们而言这是"父亲"的同义语。

3. 希腊人心中的艺术家与艺术(或是技术家和技术)的概念,不包含自由,而是对规则、法则的遵循,或依照法则来制造事物。

4. 中世纪已有创造或创造性的名词,也有创造的概念。但不论是名词与概念,都只限用于神学的领域。

5. 如果世界(特别是自然界)是上帝创造的,那么艺术家只要去模仿自然,就是最好的艺术。这种艺术理论起源于希腊时期(特别是柏拉图)的模仿说,而在中世纪成为主流的理论之一。

6. 在十九世纪,艺术家即是创造者,也只有艺术家才是创造者。

7. 什么是创造性呢?最重要的本质应该就是一种"新奇性"。更周全地说,创造性是人类运用心灵能量的表现,而此表现具有新奇性和独特性;最极致的独特性是一种不可取代性。

8. 作为创造的反义词与对比项,模仿不仅在"概念"上是理解创造不可或缺的条件,在西方美学上也比创造更早占据主流地位。

9. 柏拉图和亚里士多德将艺术分为原创性和模仿性,并将模仿说单独应用在模仿性的艺术之上。

10. 古代的模仿说从"狭义的理论结构"演化为近现代的"广义的理论结构",应用范围扩大了;从"实然的理论结构",演化为"应然的理论结构",断言的方式强化了;然而,正如历史所显示,这种扩大和强化的结果,反而促成了模仿说的崩溃。

Day 5
美学大师语录

真正的艺术品包含着自己的美学理论,并提出了让人们借以判断其优劣的标准。——歌德

艺术家之所以成为艺术家,全在于他认识到真实,而且把真实放到正确的形式里,供我们观照,打动我们的情感。——黑格尔

区分真艺术与假艺术有一个不可怀疑的标志——那就是艺术的感染性。——托尔斯泰

人生模仿艺术,远要超过艺术模仿人生。——王尔德

作家的所作所为与玩耍中的孩子一样,他创造一个他十分严肃对待的幻想世界。——弗洛伊德

艺术可以被定义为一种符号语言。——卡西勒

一部艺术作品并不是一个人,而是某种超越个人的东西。——荣格

美学完全被误解了……由于"美的"是个形容词,所以你就很容易会误解说"这件东要有一种美的特质"。——维特根斯坦

艺术是创造那能象征人类情感的形式。——苏珊·朗格

一切美的光是来自心灵的源泉;没有心灵的映射,是无所谓美的。——宗白华

美不能说明而只能感到。——丰子恺

我们称为美的东西,就是那些非实在之物的形象表现。——萨特

DAY 6 & 7
第六章　美学的实践与应用

著名的人生三境界，也适用在美学的学习上。未学美学之前，见山虽然是山，见水虽然是水，但是这只是用普通的眼睛去看山看水。学习美学的期间，初学者会使用美学各学派的理论去研究日常生活中的美感现象，没有美感（对美的感动），只有美学思维的运作，所以见山不是山，见水不是水，但这只是过渡期。等到学有所成之后，就可以在进行美学思维的同时保留对美的感动，这时又回到见山是山、见水是水的状态了。

美学神功、美学程序与美学眼镜

先总结一下我们这五天所学到的成果,此处,我用武学来比喻。

Day 1(第一章)所学的是第一式:"总诀式",是对美学整体的浓缩与导览。我们从日常生活的美感现象进而谈到对美的思维;从美是什么谈到了美感是什么;从美学是什么,谈到了美学家、美学学派和美学经典中处理的美学议题。

Day 2(第二章)所学的是第二式:"双手互搏"。我们学到了美学这个名称的由来与学科的成立;学到了美学的内容和研究对象:美学是"美+感之学";我们也学到了第三招:"海纳百川"(美学史)的一半,从古代到中世纪、关于中世纪以前的美学家们关于美和艺术的理论。

Day 3(第三章)我们学到了第三式:"海纳百川"(美学史)的下一半:从近代到现代、乃至后现代,美学家们关于美和艺术的理论。

Day 4(第四章)我们学到了第四式:"对敌态度"(美感经验)和第五式:"兵器之利"("形式")。在第四式中,我们学到了美感经验的整体:美感态度、美感经验和美感对象。而在第五式中,我们学到了形式所具有的五个含义。

Day 5(第五章)我们学到了第六式:"守—破—离",也就是创造与模仿这两个重要的美学主题。我们学到创造概念的演变与发展、模仿概念的演变与发展以及创造与模仿的关系。

Day 6 & 7(第六章)天中,我们就不再学习新东西,而是专心来消化和融通这五天所学的种种,以下分别说明。

第一式：总诀（导论）

严格来说，此招并不是一招，而是其他几个招式的精华，所以对初学者来说是最难的。为什么"导论"（总诀式）是最难的呢？对于已经学过美学的人来说，美学导论太过简单，导论只是一个前导。但是对于一个未学过的美学的人来说，导论是美学全部的浓缩和精华，是一个完全陌生的东西，会让人不知从哪里开始，所以最难。然而这却是每个初学者一定要经过的阶段，因为它是之后各章的基础。

在《笑傲江湖》中，风清扬在传授"独孤九剑"给令狐冲"总诀式"（第一招）的时候，说："第一招中的三百六十种变化如果忘了一变，第三招便会使得不对……当年我学这一招花了三个月的时光……"金庸的"旁白"如此说："那'独孤九剑'的总诀足足有三千余字，而且内容不相连贯，饶是令狐冲记性特佳，却也不免记得了后面、忘记了前面，直花了一个多时辰，经风清扬一再提点，这才记得一字不错。"风清扬要令狐冲从头至尾连背三遍，见他确已全部记住，说道："这总诀是'独孤九剑'的根本关键，你此刻虽记住了，只是为求速成，全凭硬记，不明其中道理，日后甚易忘记。从今天起，须得朝夕念诵。"[①] 同样的道理也适用于美学，如果导论的部分看不懂，没有关系，就先念第一章、第二章，直到念完全书，再回头看第一章，相信你会有不同的体会。

总诀的应用

这招要怎么用呢？

1. 破"名不符实"

此招可以用来对付所有以"美学"为名，却名不符实的各种广告、宣传或错误的信息。以广告为例：坊间有许多"××美学馆"，其实是卖保养品、化妆品的。实际上，学"美学"并不会让你外表更美，而是让你更能"思考"

---

① 以上内容出自金庸，《笑傲江湖》第一册，第十章《传剑》。

美。这当然会提升你的美学素养,间接提升你对美的认知与感受,但绝对不是直接地让你变美,除非我们的美指的是内在美:研读美学当然会提升你的内在美!

2. 破"望文生意"

心理学是学心理,物理学是学物理,那么美学是不是学美?如果是,它和美感教育有何不同呢?简单地说,美学并不是美感教育或美育,它不是教你如何审美、欣赏美的学问,美感教育是对美感能力的涵养,重在实践。美学是在思考美,所以它涵养的能力是思考。当然任何美学都不会反对美感教育,因为美学思考的内容是要透过美感教育才得以落实的。但美学和美育不同,就像伦理学不等于道德教育一样。

3. 破"无限扩张"

学了"导论"总诀式,我们也可以对于"美学"一词无限的扩张更敏感。近年来,几乎所有的事情都可以冠上美学二字,比如说一部枪战电影可以冠上"暴力美学",整型外科可以使用"医学美学",颓废的人可以说他有一套"颓废美学",明明是色情,就硬要说是"情色美学",真是不胜枚举。这其实就是名不符实的延伸版本。

第二式:"双手互搏"(美+感)

在这一招中,一手是"美之学",一手是"感之学";双手并用,威力加倍。

金庸在《射雕英雄传》里面有这样的描述——

> 周伯通道:"我在桃花岛上耗了一十五年,时光可没白费。我在这洞里没事分心,所练的功夫若在别处练,总得二十五年时光。只是一人闷练,虽然自知大有进境,苦在没人拆招,只好左手和右手打架。"
> 郭靖奇道:"左手怎能和右手打架?"
> 周伯通道:"我假装右手是黄老邪,左手是老顽童。右手一掌打

过去，左手拆开之后还了一拳，就这样打了起来。"说着当真双手出招，左攻右守地打得甚是猛烈。

郭靖起初觉得十分好笑，但看了数招，只觉得他（周伯通）双手拳法诡奇奥妙，匪夷所思，不禁怔怔地出了神。天下学武之人，双手不论挥拳使掌、抡刀动枪，不是攻敌，就是防身，但周伯通双手却互相攻防拆解，每一招每一式都是攻击自己要害，同时又解开自己另一手攻来的招数。因此，左右双手的招数截然分开，真是见所未见、闻所未闻的怪拳。①

周伯通的"双手互搏"虽然太过夸张，但也相当有趣。基本上，"一心二用"，如左手画圆，右手画方，虽是极少人才能做到的事，但远较"双手互搏"更为合理。至少"一心二用"是针对两件不同的事来进行，左右手只要算好时间差，造成一种"同时"的效用，也不无可能。但是左手打右手，右手打左手，两手独立运作，在逻辑上似乎不太可能。因为这两手都属于同一个人，一只手要攻打另一只手，大脑岂有不知之理？虽不合理，但仍然相当有创意。如果真的能够左右手互搏，那威力岂不加倍！

郭靖道："你双手的拳路招数全然不同，岂不是就如有两个人在各自发招？临敌之际，要是将这套功夫使出来，那便是以两对一，这门功夫可有用得很啊。虽然内力不能增加一倍，但招数上总是占了大大的便宜。"

周伯通只为了在洞中长年枯坐，十分无聊，才想出这套双手互搏的玩意儿来，从未想到这功夫竟有克敌制胜之效，这时得郭靖片言提醒，将这套功夫从头至尾在心中想了一遍，忽地跃起，蹿出洞来，在洞口走来走去，笑声不绝。

……

---

① 以上内容出自金庸，《射雕英雄传》第二册，第十七回《双手互搏》。

周伯通笑道："我眼下武功已是天下第一，还怕黄药师？现只等他来，我打他个落花流水。"

　　郭靖道："你拿得定能够胜他？"周伯通道："我武功仍是逊他一筹，但既已练就了这套分身双击的功夫，以二敌一，天下无人再胜得了我。黄药师、洪七公、欧阳锋他们武功再强，能打得过两个老顽童周伯通吗？"

　　类比地说，如果我们认为美学只有学美，那就好比只能用单手比武，威力当然不如双手同时运用；而在第二招中，我们学到的是，美学主题不只是美，还有"感"，当范围加大了时，我们的眼界也就加大了。

"双手互搏"的应用

这招要怎么用呢？

1. 破除美学只学美而不学感的错误观念。

2. 破除美学只学艺术（美），不学自然（美）的片面做法，这也等于破除了美学等于艺术哲学的狭窄定义。美学只讲艺术理论，会错失了艺术之外的其他领域。

第三式："海纳百川"（美学史）

　　这一式的威力就在于可以吸收古代、中世纪、近代、现代和后现代诸位美学大师的武功精华。慕容复的"以己之道，还施彼身"，就是要以学会此招为先决条件。如果没有扎实地去理解、吸收各家的学说要义，如何反过来使用那个美学家自身的理论来反驳他呢？比如用"理型论"来反驳柏拉图、用"辩证法"来反驳黑格尔，这些都预设你要先学过对方的美学理论才能够进行。当然这一招"海纳百川"和段誉的"北冥神功"很像，可以吸取别人的内功，研读美学史其实就是一个努力吸收前人理论的过程。吸收得不好，就会消化不良，会变成"吸星大法"，产生后遗症。

"海纳百川"的应用

这招要怎么用呢？

这招主要在破"只要美学理论，不要美学史"的想法。基本上，任何一派美学理论，或多或少都一定衍生自前人的思想。历史就像路况报道，可以告诉你哪些路段塞车，哪些路段好走。美学问题从古至今也经历了两千多年了，可以让我们学习的大师不可胜数，我们要避免的错误，也有无数的前人已经先行犯过了，如果我们学了美学史，就不用重蹈覆辙。

第四式："对敌态度（美感经验）

所谓的"对敌态度"是指：以攻为守（主观派美学）、以守为攻（客观派美学）和攻守并进（互动派美学）。主观派掌握机先，以攻为守，强调主动性（主观派强调美感态度的主动性）；客观派以守为攻，备好武器等敌人来犯（客观派强调美感对象的客观性质）；互动型（互动派美学），则攻守并进（互动派强调美感经验中的各种主动性和被动性的"互动"）。各人依照自己的选择，可以选择自己欣赏的"敌对态度"。正如在战场上，有人喜欢主动出击，有人严阵以待，有人两者兼具；这就是不同的对敌态度。类比到"美感经验"就是强调主体的建构、客观的性质或两者的互动，三个不同的立场。

"对敌态度"的应用

这招要怎么用呢？

这招并不是要"破"。许多人对美感经验的态度是混淆而复杂的，根本不知道自己属于哪一派，这招其实是要"立"。显现出自己的真实立场：是主观派、客观派，还是互动派。

第五式："兵器之利"（形式）

这是从上一招衍生出来的，在美感经验中，有一些派别认为形式是重要的，美感取决于形式，而非主观的态度。类比在武学上，就是"兵器"是独立于使用者而可以帮他加分的。兵器有很多种，形式也有很多种。我们之前说过，其实近代以后的主观派，并不反对形式对美感经验的作用，只不过他们更注重主观的态度而已。

"兵器之利"的应用

这招要怎么用呢？

它也不在"破"，而在"解"。主观派就像用掌法的人，不需要其他武器；而客观派则主张使用越好的兵器，获胜的机会就越大。互动派的看法似乎比较圆融，举个例子来说：在艺廊中看不懂画作要表达的意境，是观者的错，还是画作的问题？是画作的形式不美吗，还是观画者自己的先验形式（美感态度）有问题？在日常生活中我们常常遇到的状况，其实都有点类似苏东坡和佛印禅师之间的对话——

> 苏东坡问佛印禅师说："你看我像什么？"
> 佛印禅师说："观君坐姿，酷似佛祖。"
> 苏东坡很高兴，说："你也问问我。"
> 佛印禅师说："好！我问你，你看我像什么？"
> 苏东坡说："活像一堆牛粪。"
> 苏东坡心想，这回让佛印禅师吃了一记亏，暗暗得意，回家忍不住告诉了苏小妹。
> 苏小妹说："你输！试想佛印禅师以佛心看你似佛，而你又是以什么样的心情来看佛印禅师呢？"

这也是延伸上一招的问题：心里是什么，看别人就像什么。这并不是严格"先验形式"的意义，但我们可以讨论：这东西丑，是因为它不具任何美的形式，还是观者自己透过"有色眼镜"来看？对于形式抱持不同意见的人，会有不同的看法。

第六式："守—破—离"（创造与模仿）

创造与模仿在理论上是两个极端，在实际上却是交织在一起的：通常创造都是通过模仿而来的，如果只是模仿外形，那只是形似；如果模仿的是精神，然后用自己的形式（外形）表现出来，那就是创造。

"守—破—离"的应用

这招要怎么用呢？

此招可破亦可立，应用最为广泛，不论在艺术或武学、对敌或修炼都用得到。模仿到了底，有了新意，就成了创造；一味地重复，就只是模仿。在电视的模仿秀中，模仿者不仅表情，连说话、动作都像本尊（被模仿人）——如果只是这样，那还是模仿；更厉害的是，能用本尊的逻辑、精神去说本尊没有说过的话、做本尊没有做过的事，这样的模仿，就已经是创造了。这是我们用模仿与创造对电视模仿秀所做的分析。"达摩传法"的故事，就是个例证——

> 迨九年，（达摩）已欲西返天竺，乃命门人曰："时将至矣，汝等盍各言所得乎？"时门人道副对曰："如我所见，不执文字，不离文字，而为道用。"师曰："汝得吾皮。"尼总持曰："我今所解，如庆喜见阿閦佛国，一见更不再见。"师曰："汝得吾肉。"道育曰："四大本空，五阴非有，而我见处，无一法可得。"师曰："汝得吾骨。"最后慧可礼拜后依位而立，师曰："汝得吾髓。"（《景德传灯录》）

这个故事的大意是这样的：为什么达摩要把法传给慧可，是因为他得到了达摩的"髓"——他用自己的方式模仿到了神髓。因此，说他是模仿也好，创造也罢，此时已不可分了。

启动"美学思维"的执行程序

上面都是用武学来讨论我们所学会的功夫：美学思维。这里，我们要导入计算机的比喻:我们要将"美学思维"视为一种应用程序,并且开始执行。

这里,先看一段我个人的日记(2001.01.25,环岛哲思)。

> 经过苏澳(已数不清是第几次了)其实风景很美,以前都是在赶路,而且常有一些砂石车在前面挡道,所以途经这条路很不愉快。但今天既不赶路又没有大车(因为是在新年期间),所以可以专心欣赏风景,更可以"同时思考"我当下的旅游活动!
>
> 然而,这种"同时思考",是否会将我们的旅游活动给异质化了呢?不会,因为我们只是将同时潜藏着的活动化隐为显而已。就像一只蚂蚁在墙上,只有这个活动在进行吗?
>
> 蚂蚁在墙上、我看到蚂蚁在墙上、我知道我看到蚂蚁在墙上、我知道我的知道至少有四个活动同时进行,这还是只就我和蚂蚁两者来谈而已。
>
> 显在的,只有"蚂蚁在墙上";潜在的,有我的看和我的知。同样地,我在"看"美景的同时,窗外的鸟鸣、溪水的流动,还有地球上许多不知名的物事也同样在进行。
>
> 在我们旅游时,虽然只专注于美丽的风景,其他事物退居背景,但并不代表它们不存在,它们同时在进行中!同样地,在旅游时,我们的思考也同时正潜在地进行着,将之唤出只是将视窗最大化而已。旅游如此,其他活动亦然。隐藏的思维视窗一直存在,何不试着开启它呢!

学了五天的美学,终有小成,我们启动了"美学思维"的程序。虽然启动了,但如果不执行它,它就会被最小化,然后隐藏起来。现在,我们要将原本隐藏的美学思维这个程序给召唤出来,让它最大化,用它来分析印证各种美感现象。

戴上美学眼镜，看出日常生活中的美学元素

生活中，到处都是美。有美，一定有人感受到它，并将之说出，这才有意义，否则，就像一朵空谷幽兰自开自落，它的美没有任何意义。

现在的我们就像是一部笔记本电脑，安装了美学思维应用程序，重新回忆 Day 1 我们所经历的一切，会不会有什么不一样呢？我们现在已经启动了美学思维程序（学会了戴上美学眼镜看事情），让我们重新看看这一天发生了什么事吧！

叫醒我们的音乐铃声（闹钟），旋律的悦耳与否和美感有关

启动美学模式、戴上美学眼镜之后看到的是这样：如果你觉得音乐好听，那就是从"非实用的观点"来看，这时候才会觉得美；如果你想赖床，而铃声扰你清梦，你不会觉得好听（康德、布洛）。而音乐之所以好听，是因为它的"和谐和比例"（毕达哥拉斯）。

被闹钟叫醒之后，起床吃早餐，美味与否也和美感相关

启动美学模式、戴上美学眼镜之后看到的是这样：早餐是否是美的，不在于它的美味与否，因为"味觉"和"嗅觉"，早餐顶多只能说是好吃，而不能说是美，美只涉及"视觉"和"听觉"，除非是指它的造型或摆盘很好看（托马斯·阿奎纳）。

用膳完毕之后，搭车上班，也许途经乡间小路，也许途经市区，映入眼帘的不论是田园景致或高楼大厦的天际线，车窗外的广告牌，车里播放的音乐，件件都与美感相关

启动美学模式、戴上美学眼镜之后看到的是这样：美表现为一个整体（亚里士多德）；除了和谐、比例之外，还有"鲜明"（托马斯·阿奎纳）。

我们还可以继续往下发展。

下班之后，我去参加节目录像，当一个歌唱比赛节目的现场观众；两

位参赛者唱完后，主持人问我，觉得谁唱得比较好？

启动美学模式、戴上美学眼镜之后看到的是这样：其中一个是美声唱法，比较"好听"（十九世纪以前的美学标准），另一个唱得很有感情（浪漫主义的标准；黑格尔的浪漫型艺术）。真难选择，最后我还是选有感情的那位，因为她的歌声打动了我。

另外一组，一个唱得很高，很像张雨生的唱法；另一个则很有自己的特色

启动美学模式、戴上美学眼镜之后看到的是这样：一个是模仿，一个是创造。

去看画展，看不懂，怎么看都是线条

启动美学模式、戴上美学眼镜之后看到的是这样：嗯，也许我就是不适合"形式主义"。

去看电影，主角很可怜，一个好人命运却那么悲惨，真是造化弄人；不过，看完之后，哭了一场，上班的压力也消除了许多

启动美学模式、戴上美学眼镜之后看到的是这样：这是亚里士多德的"悲剧理论"——悲剧通常模仿比我们高尚的人；悲剧的功能就在于引起人们的哀怜和恐惧之情，而净化之。

这个故事可以一直发展下去！我们的人生有多长，故事就有多长，何况在这个故事中还有一些人物没有出场（如杜威、柏拉图等人）。读完了美学，我们可以启动美学模式，用美学眼镜来看事物。美感并不是特别的功能，人人生来都有，但"美学模式"则是要学习过美学，启动之后才能执行，这就是两者的区别。各位读者，如果你的美学模式还没有启动，就去启动它吧！如果已经启动，那就强化它、让它升级！如何强化和升级？除了可以多多运用从本书所学到的功夫去思考，也可以阅读我们推荐的美学经典，观赏我们推荐的美学电影,这也是一种很好的强化和升级方式。

结论与分享

且让我分享几个小故事,作为本书的结论。

青原惟信禅师对其弟子说:我三十年前未曾参禅时,见山是山,见水是水。后来参禅悟道,见山不是山,见水不是水。而今天则是,见山又是山,见水又是水。(《指月录》卷二十八)

这个有名的人生三境界,也适用在美学的学习上。未学美学之前,见山虽然是山,见水虽然是水,但是这只是用普通的眼光去看山看水,虽然也见得山水之美,但只知其美,却不知美之所以然。学习美学的期间,初学者会使用美学各学派的理论去研究日常生活中的美感现象,没有美感(对美的感动),只有美学思维的运作,所以见山不是山,见水不是水,因为山水已非山水,而是研究的对象,山水仿佛是被放在显微镜下观察一样,何美之有?但这只是过渡期。等到学有所成之后,就可以在进行美学思考的同时保留对美的感动,又见山是山,见水是水了。这时已和未学时的懵懂无知不同,而是到达返璞归真的境界:前者是零度,后者是三百六十度,两者虽然在同一点,然而经验和内涵却已完全不同。

黑格尔曾把学习逻辑与学习文法加以类比,说明两者的相似之处:初学文法的人,一定感到文法规则抽象枯燥、生硬僵化;但是精熟该种语言之后,再回来重新检视文法,则会有不同的体会,他会看到文法是语言生动活泼的灵魂。这个类比也适用于美学的学习。初学美学时,看到美学议题,浩如烟海,也许令人望洋兴叹,然而熟稔每位美学家经典和思想之后,对美学议题有自己的看法,就会发现美学理论不是抽象的思想,而是非常实用的工具。

尼采在《查拉图斯特拉如是说》中曾提到"精神三变",说明人类精神有三种型态:骆驼、狮子和婴儿。骆驼任重道远,负担很重,只因主人的命令:"你应当!"狮子则是勇往直前,没有人命令它,它命令自己:"我应当!"婴儿则浑然天成,没有命令、没有"应当",只有自然而然和自动自发,饿了就哭，饱了就睡。这也符合我们学习美学的状况：我们通常是由于外在的压力（你应当！）或内在的压力（我应当！）来学习某事；受到压力的学习，或许可以达到某种程度的效果，但却不"美"；用不美的状况学习美学，是一个自相矛盾的事情，却是一个必要的过渡期。很少人学习新事物，是为了学习而学习，通常会有其他的理由"逼迫"他学习，所以来自"逼迫"的学习，也许对有些人来说是无可避免的。但实际上并不是如此，我们其实可以转化这个"逼迫"——重点是，在学习的过程中，我们要一步一步地把外在压力（你应当）转化成内在的压力（我应当），再将内在的压力转化为自动自发。也就是要由骆驼转变为狮子，再由狮子转变为婴儿。当我们变成婴儿时，"逼迫"就不见了，美学就成了我们生命的一部分，美学思维就变成我们的本能，原来"不美"的学习过程就变美了。

我们可以用以上分享的三个故事来检视自己的美学学习成果。庄子说："天地有大美而不言。"美学就是要去理解并研究这个大美。《奥义书》中提到的，"就像不晓得宝藏埋藏地点的人，一再走过它上面，而没有发现它"，就好比我们每天走过美的世界，却没有发现它一样。就让我们运起美学神功、启动美学程序、戴上美学眼镜进入这个美的大千世界来体验、观看和分析美吧！

3分钟重点回顾

1. 美学并不是美感教育或美育，它不是教你如何审美、欣赏美的学问，美感教育是对美感能力的涵养，重在实践。美学是在思考美，所以它涵养的能力是思考。

2. "美学"主题不只是"美"，还有"感"，当范围加大时，我们的眼界也加大了。

3. 任何一派美学理论，或多或少都一定衍生自前人的思想。美学问题从古至今也经历了两千多年了，可以让我们学习的大师不可胜数，我们要避免的错误，也有无数的前人已经先行犯过了。

4. 主观派掌握先机，以攻为守，强调主动性（主观派强调美感态度的主动性）；客观派以守为攻，备好武器等敌人来犯（客观派强调美感对象的客观性质）；互动派（互动派美学），则攻守并进（互动派强调美感经验中的各种主动性和被动性的"互动"）。

5. 近代以后的主观派，并不反对形式对美感经验的作用，只不过他们更注重主观的态度而已。

6. 创造与模仿在理论上是两个极端，在实际上却是交织在一起的：通常创造都是透过模仿而来的。如果只是模仿外形，那只是形似；如果模仿的是精神，然后用自己的形式（外形）表现出来，那就是创造。

7. 美感并不是特别的功能，人人生来都有，但美学模式则是要学习过美学，启动之后才能执行，这就是两者的差别。

Day 6&7
美学大师语录

要欣赏艺术品,我们除了需要具备形式与颜色的感觉与三度空间的知识之外,不需要任何东西。——贝尔

如果两眼生来为着注视,美就是她存在的原因。——爱默生

没有任何经验可以有统一性,除非它具有美感性质。——杜威

美是"成功的表现",丑就是不成功的表现。——克罗齐

真的艺术作品不是看见的,也不是听到的,而是想象的。——科林伍德

游戏的真正体,就是游戏本身。——伽达默尔

在美感活动中,美感之所以产生,是因为在美感对象上发现了自由。——萨特

艺术家有些像科学家,又有些像修补匠:他运用自己的手艺做成一个物件,这个物件同时也是知识对象。——列维-斯特劳斯

艺术家自己不需要自己,而是艺术需要他。——杜夫海纳

附录1 美学家、学派及理论一览表：以时间来区分

时代	人物	学派或被归类	特色理论	美学理论要点
古代	毕达哥拉斯	毕达哥拉斯学派	万物的根本是"数"	美在和谐、比例 美的形式主义
	赫拉克利特	先苏自然哲学	一切都在变动	美是相对的
	德谟克利特		原子论	美在对称、和谐 艺术起于模仿
	智者	智者学派（诡辩学派）主要代表人物普罗泰戈拉、高尔吉亚等人	相对主义 主观主义 享乐主义 感官主义	美和艺术是相对的，取决于人的主观感觉 美是通过视听给人以愉悦的东西
	苏格拉底			美就是有用的；美＝善
	柏拉图	希腊三哲人	理型论	艺术＝模仿 艺术离真理有三层之遥 艺术鼓动感性和提供坏榜样文艺创作的原动力＝灵感
	亚里士多德		形质论 潜能－实现 四因说	美在形式：秩序、均称、明确、体积、安排、规模、比例、整一 模仿＝创新 悲剧的目的，就在引起人们的"怜悯"和"恐惧"之情，而"净化"之
	贺拉斯	古典主义		替戏剧制定了一些"法则"
	普罗提诺	新柏拉图主义	流出说	最高的美是不可见的，因为美的东西都来自理型 艺术模仿的是理型
中世纪	奥古斯丁	新柏拉图主义 教父哲学	美的绝对性	美是整一或和谐 美有绝对性而丑没有：部分的丑烘托出整体的美；丑是形式美的一个因素。
	托马斯·阿奎纳	经院哲学	美善一致，但仍有区别	美属于形式因的范畴：在于完整、和谐、鲜明 美感对于对象不起欲念 只承认视、听是美的感官
近代	笛卡儿	理性主义		本身无美学，但产生了重大影响
	布瓦洛	新古典主义		文艺之美只能由理性产生 新古典主义具有两个基本信条：（1）文艺具有永恒的绝对标准；（2）久经考验的东西才是好的，希腊罗马的古典符合这个条件，值得我们学习
	休谟	经验主义		美不是客观属性，而是起于人类主观的心理构造 从历史情境替文艺的发展找出四条规律
	戈特舍德	新古典主义 莱比锡派		替诗的每类体裁定下了详细的规则
	博德默尔 布莱丁格	浪漫主义 苏黎士派		不否定理性，但更强调想象

（续表）

时代	人物	学派或被归类	特色理论	美学理论要点
近代	鲍姆嘉通	理性主义 浪漫主义		为"美学"命名（Aesthetica）并建立美学学科 美学的对象就是感性认识的完善 艺术须模仿自然，即表现自然呈现于感性认识的那种完善
	莱布尼茨	理性主义	单子论	美感趣味或鉴赏力是由"混乱的认识"或"微小的感觉"所组成 把审美限于感性的活动，和理性活动对立起来 部分的丑恶足以造成全体的和谐
	沃尔夫			美是一种完善
	康德		先验观念论	美是无利害关系 对比"美"与"崇高"：（1）美只涉及对象的形式，而崇高却涉及对象的"无形式"；（2）美感是单纯的快感，崇高却是由痛感转化成的快感 区分两种崇高：数量的和力量的
	黑格尔	德国观念论	绝对观念论	美是理念的感性显现 美学主要研究艺术美而非自然美 区分三个"艺术类型"（象征型、古典型、浪漫型）、五个"艺术门类"（建筑、雕刻、绘画、音乐、诗），并将两者辩证地结合起来 提出"艺术终结"的论点
现代	克罗齐	直觉表现主义 新黑格尔主义		将美学定义为研究直觉和表现的科学
	杜威	实用主义		艺术即经验
	卡西勒	符号学		艺术是具有直观形象的感性形式 艺术是一种构造形式的活动
	列维-斯特劳斯	结构主义		艺术是处在科学概念和神话（或巫术）符号二者之间的东西，是这两者的综合：既有概念，又具有形象。 艺术和神话不同之处，在于神话通过结构去创造事件，艺术却是透过事件去揭示结构 就艺术欣赏来说，欣赏者经历了和创作者同样的过程："满足智欲"和"引起美感"
	胡塞尔		现象学还原	本身无美学，但有重大影响
	英伽登	现象学		探究美感对象的结构，分析美感作用和美感对象之间的价值关系 肯定美感对象的客观结构，但同时指出这种结构是意向的对象
	杜夫海纳			美感对象和美感知觉是不可分的，只有艺术作品与美感知觉的结合才会出现美感对象
	伽达默尔	诠释学	游戏理论	提出"美学必须在诠释学中出现"，"诠释学在内容上尤其适用于美学" 提出了自己的艺术作品本体论：游戏理论

（续表）

时代	人物	学派或被归类	特色理论	美学理论要点
后现代	苏珊·朗格	符号论		艺术是人类情感符号的创造 透过"基本幻象"来为艺术分类；艺术是借着想象力和情感符号创造出现实世界所没有的、新的"有意义的形式"
	罗兰·巴特	后结构主义 （解构主义）		强调读者对于文本的作用；他将文本分为"阅读性文本"和"创造性文本"两种 现代派的作品就是开放性的文本，这才是真正的文本 "创造性文本"并不是作者创造的，"作者已死"；是读者对"创造性文本"起决定性的作用
	马尔库塞			美感和艺术就是对现实的超越、否定和"大拒绝"，可以让人达到自由、摆脱压抑 艺术和人类其他活动的区别，是在于"美感形式"，它是对现实社会的超越与升华，能使人解放 新感性是从美感与艺术中造就出来的，能给人新的语言，新的生成方式，达到新秩序并建立新世界
	本雅明	法兰克福学派	社会批判理论	艺术的复制技术，从手工到机械的发展，是"从量变到质变"的一个飞跃，它引起了人类对于美感制造、鉴赏、接受等方式和态度的根本转变 "机械复制时代的艺术作品"指的就是"电影"，通过与戏剧和绘画的比较来讨论电影。
	阿多诺			艺术有双重性：离异与否定 提出反艺术的观念："反艺术"是对现代资本主义社会异化现实的抗争；"反艺术"也拒斥消费性的艺术 提出音乐和社会的整体性原则，认为音乐和社会是一个相互制约的整体；音乐的存在和演变是由社会现实决定的，反过来又对社会现实起拯救作用

附录2 美学家、学派及理论一览表：以议题来区分

议题	派别或意义		代表人物或相应时代	理论或主张
美 艺术	参见附录1——（建议由"美学理论要点"往"人物"阅读）			
美感经验	客观派		毕达哥拉斯	美在和谐与比例
			柏拉图	美在理型
			霍加斯	美在形式
	主观派		康德	美是没有利害关系
			布洛	美感起于一种心理距离
	互动派		杜威	美感经验是一种完整的经验
形式	形式1：各部分的排列（与元素、成分相对）		在古代占优势 毕达哥拉斯学派、柏拉图、亚里士多德、斯多葛学派、西塞罗、霍加斯	相关理论：黄金分割、黄金比例、美的"伟大理论"
	形式2：直接呈现在感官之前的事物（与"内容"相对）		二十世纪占优势 德米特里厄斯、休谟	形式主义者：一件真正的艺术品，只有形式是重要的 极端的形式主义者："内容"是不必要的，有了内容，非但无益，反而有害
	形式3：作为一个对象的界限或轮廓（与质料相对）		十五世纪至十八世纪(含"文艺复兴")占优势	一个素描（形式3）杰出但色彩（形式2）平庸的画家，比起那用色美而素描差的人来，也应受到更多的尊敬
	形式4：对象的概念性本质（亚里士多德的意义）		中世纪、二十世纪占优势 亚里士多德、经院学派学者、大亚尔伯	亚里士多德本人及其弟子都未曾将"形式4"用在美学里 把它用在美学里的，是十三世纪经院学派的学者；他们把"形式4"和伪狄奥尼修斯所主张的"美包含在比例和光辉"结合起来 大亚尔伯认为：美存在于这样的一种本质形式（"形式4"）的光辉中，而这光辉透过物质中显露其自身；但是，只有在此物体具有正确的比例（"形式1"）时，本质形式的光辉才会在那物体中显露其自身
	形式5：人类心灵对于所知觉对象的贡献（康德的意义）		二十世纪前半期 康德、费德勒、布兰特、李格尔、沃尔夫林	康德自己并没有把"形式5"用在美学上 十九世纪，费德勒发现这种形式：视觉对他而言，有其普遍的形式。 比较清楚的定义是由他的门徒和后继者提供的：布兰特、李格尔、沃尔夫林。但每个人对"形式5"的诠释都不相同

（续表）

议题	派别或意义	代表人物或相应时代	理论或主张
创造	无创造	希腊	艺术是技术，技术无创造性；艺术和创造两者无交集
	有创造 但只有神能创造	中世纪	艺术（技术）是人的事情，创造是神的事情；艺术和创造两者无交集
	有创造 但只有一部分人（艺术家）能创造	十九世纪	艺术和创造的交集在于艺术家
	有创造 全部的人都能创造	二十世纪以后	艺术是创造的一部分
模仿	礼拜：显示内心的意象（表现）	古代：祭司	相应的艺术：舞蹈、奏乐、歌唱
	自然作用	古代：德谟克利特	相应的艺术：纺织、建筑、唱歌
	事物外表的翻版	古代：柏拉图（苏格拉底）	相应的艺术：绘画、雕刻及诗歌
	对实在的自由的接触	古代：亚里士多德	相应的艺术：音乐、雕刻及戏剧
	透过可见的世界去模仿不可见的世界	中世纪：伪狄奥尼修斯	艺术的模仿是透过可见的世界去模仿不可见的世界
		中世纪：奥古斯丁	
	精神性的再现远比物质性的再现重要	中世纪：戴尔都良	上帝禁止任何对于这个世界的模仿
		中世纪：波拿文都拉	指出当时的人认为：忠实模仿实在的绘画是真理的沐猴而冠
	模仿仍是必要的	中世纪：若望·彻里斯布雷	绘画就是模仿
		中世纪：托马斯·阿奎纳	艺术模仿自然
	模仿是艺术（诗学）最重要的事，但名称上的一致大过意义上的一致，可以确定的是：模仿并不是单纯的"复写实在"	文艺复兴：十五世纪	所有视觉艺术都接受了模仿说
		文艺复兴：塔索（十六世纪）	模仿乃诗的本质，唯有模仿才使诗成其为诗
		文艺复兴：维柯（十八世纪）	诗除了模仿之外便甚么也不是
	模仿是一切艺术的原则	十八世纪	一切艺术都是模仿
	无新概念	十八世纪末十九世纪初	模仿的重心转向视觉艺术
	模仿＝写实	十九世纪后迄今	艺术的重心已由模仿转向创造

参考书目

一、朱光潜著,《不似则失其所以为诗,似则失其所以为我——模仿与创造》,《谈美》,收于《朱光潜全集》第二卷,合肥:安徽教育出版社,1987。

二、朱光潜著,《西方美学史》上、下卷,收于《朱光潜全集》第六卷、第七卷,合肥:安徽教育出版社,1987。

三、朱立元主编,《现代西方美学史》,上海:上海文艺出版社,1993。

四、[古希腊]亚里士多德著,陈中梅译,《诗学》,第七章,北京:商务印书馆,1996。

五、陈中梅著,《柏拉图诗学和艺术思想研究》,北京:商务印书馆,1999。

六、丰子恺著,《艺术趣味》,长沙:湖南文艺出版社,2002。

七、[波]塔塔尔凯维奇,刘文潭译,《西方六大美学观念史》,上海:上海译文出版社,2006。

八、[美]阿瑟·C.丹托著,王春辰译,《艺术的终结之后:当代艺术与历史的界限》,南京:江苏人民出版社,2007。

九、朱立元主编,《西方美学名著提要》,南昌:江西人民出版社,2000。

十、李醒尘著,《西方美学史教程》,北京:北京大学出版社,2000。

十一、蒋勋著,《天地有大美》,桂林:广西师范大学出版社,2000。

十二、[古希腊]第欧根尼·拉尔修著,王晓丽译,《名哲言行录》,北京:中国华侨出版社,2010。

十三、[古希腊]柏拉图著,黄颖译,《理想国》,北京:中国华侨出版社,2012。

十四、朱光潜著,《文艺心理学》,上海:华东师范大学出版社,2015。

十五、周宪著,《美学是什么》,北京:北京大学出版社,2015。

十六、牛宏宝著,林逢棋译,《美学概论》,北京:中国人民大学出版社,2016。

十七、李长之著,《西洋哲学史》,天津:天津人民出版社,2016。

十八、[英]威廉·荷加斯著,杨成寅译,《美的分析》,上海:上海人民美术出版社,2017。

十九、张岩松、穆秀英著,《文化创意产业:理论与实践》,北京:清华大学出版社,2017。

二十、[德]康德著,邓晓芒译,《判断力批判》,北京:人民出版社,2017。

二十一、[挪威]乔斯坦·贾德著,萧宝森译,《苏菲的世界》,北京:作家出版社,2017。

二十二、葛维樱、王丹阳著,《守·破·离:一流日本匠人精神的修炼》,北京:机械工业出版社,2019。